Wissenschaftliche Taschenbücher WTB

Chemie

Werner Haberditzl

Magnetochemie

Akademie-Verlag · Berlin
Pergamon Press · Oxford
Vieweg & Sohn · Braunschweig

WTB

BAND 50

Werner Haberditzl

Magnetochemie

Mit 62 Abbildungen und 24 Tabellen

AKADEMIE-VERLAG · BERLIN

PERGAMON PRESS · OXFORD

VIEWEG & SOHN · BRAUNSCHWEIG

1968

Reihe CHEMIE
**Herausgegeben im Auftrage der Sektion Chemie
bei der Deutschen Akademie der Wissenschaften zu Berlin**

von:
Prof. Dr. H. Klare, Teltow-Seehof,
Prof. Dr.-Ing. Dr. h. c. E. Leibnitz, Berlin,
Prof. Dr.-Ing. habil., Dr. rer. nat. h. c. K. Schwabe, Dresden
Prof. Dr. Dr. h. c. E. Thilo, Berlin

Verantwortlicher Herausgeber dieses Bandes:
Prof. Dr. Dr. h. c. E. Thilo

Verfasser:
Prof. Dr. W. Haberditzl
**Physikalisch-chemisches Institut der
Humboldt-Universität zu Berlin**

1968

Lizenznummer: 100/474/68
Gesamtherstellung: VEB Druckhaus „Maxim Gorki“, 74 Altenburg
Bestellnummer: Akademie-Verlag 7050 ES 18 C 2
Pergamon Press 08 0134 637
Vieweg & Sohn 6050
Printed in German Democratic Republic

Inhaltsverzeichnis

Vorwort

Die erste und bisher einzige deutschsprachige magnetochemische Monographie von Wilhelm KLEMM erschien vor über 30 Jahren. Ihre leichtfaßliche Darstellungsart und Materialfülle hat viel dazu beigetragen, die Magnetochemie in Deutschland populär zu machen. Heute könnte eine solche Monographie von einem Einzelnen gar nicht mehr geschrieben werden, sie hätte mehrbändiges Handbuchformat. Schon Teilgebiete, wie z. B. die Elektronen- bzw. Kernspin-Resonanz oder der Festkörpermagnetismus lassen sich kaum noch übersehen. Vorliegende Schrift wird jedoch von dieser Problematik nicht berührt, da sie keinerlei monographischen Anspruch erhebt, sondern eine für Studenten höherer Semester gedachte erste Einführung in die Magnetochemie darstellt. Dabei wurden die statischen Suszeptibilitäten in den Vordergrund gestellt und verschiedene Sondergebiete (Elektronen- und Kernresonanz, Ferro- und Ferrimagnetismus) bewußt ausgelassen oder nur am Rande berührt. Die Darstellung dieser Gebiete erfolgt in anderen Bänden der „WTB“-Reihe des Akademie-Verlages.

Der Verfasser mußte sich entscheiden, entweder das vorliegende magnetochemische Erfahrungsmaterial oder aber das theoretische und experimentelle Handwerkszeug in den Hintergrund treten zu lassen. Es wurde die erste Möglichkeit gewählt, wobei zu berücksichtigen war, daß bisher keine einführende deutschsprachige Darstellung der modernen Theorie des Dia- und Paramagnetismus existiert. Die Behandlung der modernen Entwicklungslinien wird außerdem dadurch erschwert, daß es bedauerlicherweise immer noch kein deutschsprachiges Lehrbuch der Ligandenfeldtheorie gibt. Der Verfasser sah sich gezwungen, eine einfache Darlegung der Grundzüge dieser Theorie in den Text aufzunehmen. Inzwischen liegt die ausgezeichnete Einführung von SCHLÄFER und GLIEMANN vor (Frankfurt/M. bzw. Leipzig 1967).

In die Darstellung sind auch einige Abschnitte für solche Leser eingestreut (mit einem (*) gekennzeichnet), die schon etwas tiefer in die quantenmechanische Behandlung chemischer Probleme eingedrungen sind. Das geschah in der Absicht, diesem Leserkreis den Anschluß an die Originalliteratur zu erleichtern. Anfänger mögen diese Auslassungen überspringen.

Bei der Abfassung der ligandenfeldtheoretischen Abschnitte leisteten die Herren *R. Friebe*, *F. Seefeld* und vor allem *R. Timm* wertvolle Mitarbeit. Ihnen sowie Frau *E. Schwiderek* für ihre Hilfe bei der technischen Gestaltung des Manuskriptes gilt mein wärmster Dank.

Berlin, im Sommer 1967

W. Haberditzl

1. Einleitung

Die erste systematische Beschreibung magnetochemischer Experimente finden wir bei Michael FARADAY (1845). Er untersuchte, welche Lage kleine Stäbe aus verschiedenen Materialien im Feld zwischen den Polschuhen eines Elektromagneten einnehmen und fand, daß sich eine Reihe von Stoffen ähnlich wie Eisen verhalten, nämlich parallel zu den Feldlinien ausrichten, allerdings nicht in so starkem Maße (Abb. 1). Diese Stoffe wurden wegen der parallelen Ausrichtung als „paramagnetisch“ bezeichnet. Die meisten Stoffe jedoch verhielten sich unter gleichen Bedingungen anders (Abb. 2). FARADAY schrieb in seinem Tagebuch:

„Ein 2 Zoll langer und etwa 0,5 Zoll breiter und dicker Stab von kieselsaurem Bleioxyd oder schwerem Glas wurde zentral zwischen den Magnetpolen aufgehängt, bis die Wirkung der Torsion vorüber war. Dann wurde der Magnet durch Schließung einer Voltaschen Kette in Tätigkeit gesetzt. Sogleich drehte sich der Stab in eine gegen die Magnetkraftlinie senkrechte Lage und kam in ihr nach einigen Schwingungen zur Ruhe. Als man ihn mit der Hand aus dieser Lage entfernte, kehrte er in sie zurück, und dies konnte oftmals wiederholt werden.

Ein Zylinder von Schwefel und ein langes Stück Kautschuk wurden ebenfalls gut gerichtet und abgestoßen. Kristallisierte Körper, einfach wie doppelt brechende, verhielten sich ebenso. Quarzprismen, Kalkspat, Salpeter und schwefelsaures Natrium richteten sich und wurden abgestoßen. Ich begann nun, eine große Zahl von Körpern den magnetischen Kräften zu unterwerfen. Seltsam macht es sich, daß Holz, Fleisch oder ein Apfel dem Magneten gehorchen und von ihm abgestoßen werden. Wenn ein Mensch aufgehängt und in das magnetische Feld gebracht werden könnte, würde er sich äquatorial richten; denn alle Substanzen, aus denen er gebildet ist, mit Einschluß des Blutes, besitzen diese Eigenschaft."

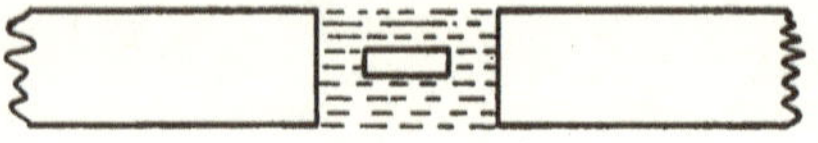

Abb. 1 Paramagnetischer Körper im homogenen Magnetfeld

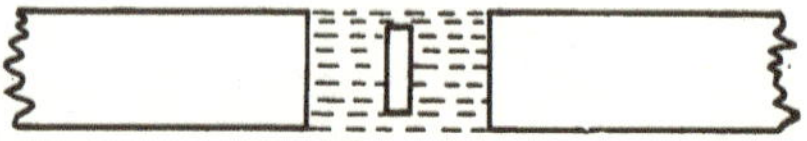

Abb. 2 Diamagnetischer Körper im homogenen Magnetfeld

Hier wird gewissermaßen die Geburtsstunde der Magnetochemie beschrieben. Das kühne Versuchsprojekt mit dem Menschen ist keineswegs eine Groteske, denn die moderne Biochemie hat durch magnetische Untersuchungen — z. B. auch des Blutes — wichtige Probleme lösen können.

Die Bezeichnungen „Dia" und „Para" rühren also von der Einstellung in einem homogenen*) Magnetfeld her. Die „ferromagnetischen" Stoffe verhalten sich wie die paramagnetischen, nur ist die Kraftwirkung wesentlich stärker. Die heutigen magnetischen Meßmethoden bedienen sich meistens inhomogener Felder. Für diese gilt, daß para- und ferromagnetische Stoffe von Gebieten größerer Feldstärke angezogen, diamagnetische Stoffe abgestoßen werden.

Hierauf beruht eine der wichtigsten magnetochemischen Meßmethoden, die später noch genauer beschrieben werden soll: An einem Arm einer empfindlichen Waage hängt an einem längeren Faden ein mit der zu untersuchenden Substanz beschicktes Röhrchen so, daß sich das eine Ende im Gebiet höchster Feldstärke, das andere

*) Es sei darauf hingewiesen, daß eine Orientierung diamagnetischer Materialien in einem homogenen Magnetfeld nur dann stattfindet, wenn diese eine diamagnetische Anisotropie aufweisen.

Ende praktisch im feldfreien Raum befindet. Die Kraftwirkung kann dann „gewogen“ werden (Abb. 3). Dies ist das Prinzip der sogenannten GOUY- oder Zylindermethode.

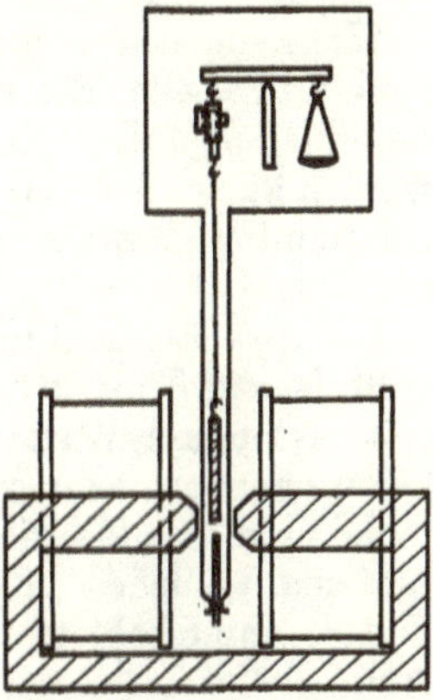

Abb. 3 Prinzip der GOUY-Waage

Warum verhalten sich die Stoffe in der beschriebenen Weise und wie kann der Chemiker für sich daraus Schlüsse ziehen? Die Antwort auf diese Frage wird in den nächsten Abschnitten gegeben werden, hier sei zur ersten Orientierung folgendes gesagt: Die Elektronen eines Atoms können zwei ganz verschiedene Bewegungsarten aufweisen, die wir mit üblichen mechanischen Vorstellungen nicht erfassen. Am ehesten gelingt das noch mit der einen Bewegungsart, der „Bahnbewegung“. Die andere Bewegungsart, der sogenannte „Spin“, hat in der klassischen Mechanik überhaupt kein Analogon. Der Diamagnetismus beruht nun darauf, daß die Bahnbewegung eines Elektrons im Magnetfeld so geändert wird, daß danach das System ein Magnetfeld erzeugt, das dem äußeren Feld entgegengesetzt gerichtet ist. Deshalb finden wir den Diamagnetismus auch bei allen Elektronensystemen.

Der Paramagnetismus tritt auf, wenn Atome schon von vornherein ein Magnetfeld erzeugen, also selbst keine

Elementarmagnete darstellen. Diese Eigenschaft kann sowohl von der Bahn- als auch von der Spinbewegung herrühren. Der Ferromagnetismus beruht auf dem Spin, jedoch müssen die Atome hier in einer ganz besonderen Weise angeordnet sein.

Wir können also feststellen: Der Diamagnetismus ist eine universelle Eigenschaft der Stoffe, die jedoch in besonderen Fällen durch Paramagnetismus überdeckt werden kann. Der Ferromagnetismus ist eine Eigenschaft bestimmter Festkörper mit besonderen Gittereigenschaften.

Das erste Element im periodischen System, der Wasserstoff, ist ein Einelektronensystem mit einem Elektronenspin: Atomarer Wasserstoff ist also paramagnetisch, wie bekannt jedoch sehr unbeständig wie viele atomare oder molekulare Gebilde, die ein einzelnes ungepaartes Elektron besitzen. Solche „Radikale" bilden ein besonderes Untersuchungsobjekt der Magnetochemie. Im Wasserstoffmolekül finden wir als Folge der chemischen Bindung eine Antiparallelstellung der beiden Elektronenspins. H_2 ist also diamagnetisch. Ebenso ist auch das Heliumatom diamagnetisch, da die beiden Elektronenspins wieder antiparallel ausgerichtet sind. Überhaupt sind alle Elektronensysteme mit edelgasartiger Elektronenanordnung durch Spinpaarung diamagnetisch. Dies gilt also vor allem für Ionen, wie z. B. Na^+ oder Cl^-.

Von solchen Regelmäßigkeiten gibt es verschiedene, sehr merkwürdige Ausnahmen. So ist z. B. das stabile O_2-Molekül mit seiner geraden Elektronenanzahl paramagnetisch.

Das wichtigste Untersuchungsmaterial liefern der Magnetochemie jedoch diejenigen Elemente des periodischen Systems, bei denen (vom Scandium ab) die Elektronen so angeordnet sind, daß man in der äußeren Valenzschale mehrere nicht paarweise kompensierte Elektronenspins findet. Es handelt sich vor allem um die Atome und Ionen der verschiedenen Schwermetalle, der seltenen Erden und Transurane. Die experimentelle Bestimmung der magnetischen Momente solcher Ionen hat die Magnetochemie besonders vorangebracht und vor allem auch wichtige Aufschlüsse für die Komplexchemie liefern können. Mit Hilfe magnetischer Methoden kann man z. B. die Wertigkeit solcher Ionen bestimmen, aber auch die Bindungsart und die Anordnung der Bindungspartner. Bei bestimmten Bindungspartnern, bei sogenannten „starken“ Liganden findet man z. B. eine charakteristische Herabsetzung des Paramagnetismus.

Mit der Verbesserung der magnetischen Meßtechnik ist auch die Bedeutung des Diamagnetismus für die chemische Strukturforschung gestiegen, da bis zu gewissen Grenzen der Diamagnetismus auch größerer Moleküle additiv aus dem Diamagnetismus der Atome berechnet werden kann. Aus dem Vergleich zwischen berechneten und experimentellem Diamagnetismus lassen sich ebenfalls interessante Strukturaufschlüsse ziehen. Wie schon erwähnt, reicht die Bedeutung der Magnetochemie heute bis zu biologischen und medizinischen Fragestellungen. Als Beispiel sei erwähnt, daß man die Bindungsart des Eisens im roten Blutfarbstoff mit Hilfe magnetischer Methoden aufklären konnte.

Obwohl die Anzahl der magnetochemischen Veröffentlichungen in den letzten Jahren außerordentlich stark angewachsen ist, existieren sehr wenige Lehrbücher. In deutscher Sprache ist die Monographie von Wilhelm KLEMM (1936) immer noch das einzige magnetochemische Lehrbuch. Im folgenden sind die wichtigsten Lehrbücher, Monographien und Tabellenwerke zusammengestellt:

KLEMM, W.: „*Magnetochemie*“, Leipzig 1936

SELWOOD, P. W.: „*Magnetochemistry*“, 2nd ed., New York 1965

BHATNAGER, S. S., und MATHUR, K. N.: „*Physical Principles and Applications of Magnetochemistry*“, London 1935

GOODENOUGH, J. B.: „*Magnetism and the Chemical Bond*“, New York 1963

BATES, L. F.: „*Modern Magnetism*“, 2nd edition, London 1961

Van Vleck, J. H.: „*Electric and Magnetic Susceptibilities*", London 1932 (Fundamentales Standardwerk)

Dorfman, J. G.: „*Diamagnetismus und chemische Bindung*", Leipzig 1964

Foex, G., Gorter, C. J., und Smits, L. J.: „*Tables Constantes Selectionnées Diamagnetisme et Paramagnetisme*", Paris 1957

Landolt und Börnstein: „*Zahlenwerte und Funktionen aus Physik, Chemie, Astronomie, Geophysik und Technik*", Neue Serie, Gruppe II, Bd. 1 und Bd. 2, Berlin 1965 und 1966

2. Magnetische Grundbegriffe

Wenn man das magnetische Verhalten der Stoffe beschreiben will, muß man sich den grundlegenden Unterschied zum elektrischen Verhalten und seine Konsequenzen klar vor Augen führen.

Bekanntlich ist der Grundbegriff der Elektrizitätslehre die elektrische Elementarladung, die sich im Elektron manifestisiert. Alle elektrischen Eigenschaften der Stoffe lassen sich letztendlich auf Anordnung und Bewegung der Elementarladungen zurückführen. Ein makroskopischer elektrischer Dipol beruht z. B. auf der Asymmetrie der Verteilung der Elementarladungen. Durch Zerschneiden des Körpers lassen sich elektrische Ladungen trennen.

Ganz anders verhält sich der Magnetismus der Stoffe. Der Grundbegriff ist nicht die magnetische Ladung, sondern der elementare magnetische Dipol. Alle magnetischen Eigenschaften der Stoffe lassen sich letztendlich auf Anordnung und Bewegung der elementaren magnetischen Dipole zurückführen. Ein makroskopischer magnetischer Dipol (z. B. Kompaßnadel) beruht nicht auf der Anordnung magnetischer Elementarladungen, die es nicht gibt (sonst könnte man Nord- und Südpol durch Zerschneiden trennen), sondern auf der Anordnung elementarer magnetischer Dipole.

Um das Verhalten der atomaren Dipole verstehen zu können, betrachten wir die Eigenschaften des idealisierten makroskopischen Dipols. Die wichtigste Eigenschaft ist die Erzeugung des magnetischen Feldes, das bekanntlich auch bei der Bewegung elektrischer Ladungen entsteht. Wir stellen im folgenden die wichtisten magnetischen Grundbegriffe und Grundgesetze zusammen.

2.1. Magnetisches COULOMBsches Gesetz

Die Kraftwirkung zwischen zwei (idealisierten) Magnetpolen nimmt nach

$$K = C\,\frac{m_1\,m_2}{r^2}$$

mit der Entfernung r ab. Im GAUSSschen *cgs*-System wird $C = 1$ gesetzt und die magnetische Polstärke m erhält die Dimension $cm \cdot \sqrt{dyn}$.

2.2. Magnetisches Feld

Die eben beschriebene Kraftwirkung kann durch ein Kraftfeld $\mathfrak{H}$ beschrieben werden, das von dem (idealisiert) isolierten Pol m_1 radial ausstrahlt.
Es gilt

$$\mathfrak{H} = \frac{m_1}{r^3}\,\mathfrak{r} \quad \text{und} \quad \mathfrak{K} = m_2 \cdot \mathfrak{H}$$

$\mathfrak{H}$ ist ein Vektorfeld. Der Kraftbetrag K wird durch die Kraftliniendichte H gegeben. Die Dimension der Feldstärke beträgt so $cm^{-1}\sqrt{dyn} = g^{1/2}\,cm^{-1/2}\,sec^{-1}$. Die Einheit bezeichnet man als *Gauß*.

2.3. *Dipol im homogenen Magnetfeld*

Das magnetische Dipolmoment p wird analog zum elektrischen Moment formal durch

$$\mu = m \cdot l$$

definiert. Ein magnetischer „Dipol“ erfährt im homogenen Feld (parallele Kraftlinien gleicher Dichte) ein mechanisches Drehmoment

$$\mathfrak{L} = \mu \cdot \mathfrak{H}$$

mit dem Betrag

$$L = \mu \cdot H \cdot \sin\alpha \quad (\alpha \text{ ist der Winkel zwischen } \mu \text{ und } \mathfrak{H}).$$

Integration ergibt für die potentielle Energie des Dipols E:

$$E = \int L\, d\alpha = -\mu \cdot H \cdot \cos\alpha + const.$$

Setzt man $E = 0$ für $\alpha = \frac{\pi}{2}$, so resultiert

$$E = -\mu \cdot H \cdot \cos a$$

Ein Dipol stellt sich also parallel zu den Feldlinien ein.

2.4. *Magnetisches Feld eines elektrischen Stromes*

Nach dem 1. Maxwellschen Gesetz sind $\mathfrak{H}$ und der elektrische Stromdichtevektor j nach

$$\operatorname{rot} \mathfrak{H} = \frac{4\pi}{c} j$$

verknüpft. Daraus folgt (unter Zuhilfenahme des Stokeschen Satzes) das Durchflutungsgesetz

$$\int \operatorname{rot} \mathfrak{H}\, dF = \oint \mathfrak{H}\, ds = \frac{4\pi}{c} \int j\, dF = \frac{4\pi}{c} \cdot i$$

Der elektrische Strom i ist also proportional zu der längs des geschlossenen Weges s integrierten Feldstärke $\left(\int \mathfrak{H}\, ds\right.$ wird auch als magnetische Spannung bezeichnet$\left.\right)$. Bereits WEBER hatte die Beziehung $\mu = i \cdot F$ abgeleitet (magnetisches Moment eines Kreisstroms.)

Wir können also das Feld im Innern einer Ringspule (s. Abb. 4) berechnen (n ist die Windungszahl, die in der Ringspule konzentrisch verlaufende Kreislinie $l = 2\pi r$ umschlingt den Strom i in der Wicklung n-mal):

$$H = \frac{4\pi}{c}\,\frac{n \cdot i}{l}$$

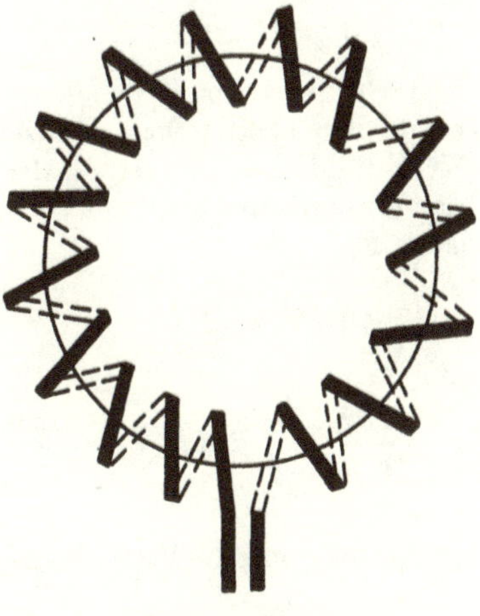

Abb. 4 Ringspule

Mit Hilfe des Durchflutungsgesetzes läßt sich die magnetische Feldstärke auch mit Hilfe einer elektrischen Grundgröße definieren. So gilt im GIORGIschen System

$$\oint \mathfrak{H}\, ds = i$$

und für eine Ringspule

$$H = n \cdot \frac{i}{l}$$

Wird i in Ampère (A) gemessen, gilt also $[H] = A \cdot \mathrm{cm}^{-1}$ bzw. $= A \cdot m^{-1}$.

2.5. *Induktion einer elektrischen Spannung durch Änderung eines Magnetfeldes*

Nach dem 2. MAXWELLschen Gesetz gilt

$$\operatorname{rot} \mathfrak{E} = -\frac{1}{c} \cdot \frac{\partial \mathfrak{B}}{\partial t}$$

$\mathfrak{E}$ ist der Vektor der elektrischen Feldstärke, $\mathfrak{B}$ die magnetische Kraftflußdichte. Mit dem Satz von STOKES resultiert wieder (Integration über die von der Kurve s umrandete Fläche F):

$$\int_F \operatorname{rot} \mathfrak{E} \, dF = \oint \mathfrak{E} \, ds =$$

$$= -\frac{1}{c} \frac{\partial}{\partial t} \cdot \int_F \mathfrak{B} \, dF = -\frac{1}{c} \frac{\partial \Phi}{\partial t}$$

$\Phi = \int_F \mathfrak{B} \, dF$ ist der magnetische Fluß. Da $u = \int \mathfrak{E} \, ds$ die elektrische Spannung darstellt, haben wir also das Induktionsgesetz erhalten.

Führen wir einen Induktionsversuch mit unserer Ringspule (Abb. 4) durch, so erhalten wir zwischen den Spulenenden eine Spannung

$$u = -\frac{1}{c} n \frac{\partial \Phi}{\partial t} = -\frac{1}{c} n \cdot F \cdot \frac{\partial \mathfrak{B}}{\partial t}$$

2.6. *Magnetisierung, Suszeptibilität, Permeabilität*

Macht man den Induktionsversuch mit einer Ringspule im Vakuum, so ist $\mathfrak{B} = \mathfrak{H}$. Ist die Spule homogen mit Materie ausgefüllt, ergibt das Experiment eine andere Beziehung zwischen $\mathfrak{B}$ und $\mathfrak{H}$, die mit Hilfe von Materialparametern beschrieben werden kann; und zwar verwendet man: Magnetisierung $\mathfrak{J}$, Suszeptibilität χ, Permeabilität μ. Die Zusammenhänge lauten:

$$\mathfrak{B} = \mathfrak{H} + 4\pi\mathfrak{J}, \quad \mathfrak{J} \equiv \chi \cdot \mathfrak{H}, \quad \mathfrak{B} \equiv \mu \cdot \mathfrak{H}, \quad \mu = 1 + 4\pi\chi$$

Je nach dem Vorzeichen bzw. der Größe z. B. von χ ergibt sich eine erste orientierende Einteilung der Stoffe:

$\chi < 0$: diamagnetische Stoffe
$\chi > 0$: paramagnetische Stoffe
$\chi \gg 0$: ferromagnetische Stoffe

Der Grundbegriff „Magnetisierung" wird mit dem in Kap. 2.3. rein formal definierten magnetischen Dipolmoment μ durch die Beziehung $\mu \equiv M = \mathfrak{J} \cdot dv$ verknüpft. $\mathfrak{J}$ ist also das auf die Volumeneinheit bezogene magnetische Moment M eines Körpers.

Im GAUSSschen Maßsystem haben B, H und I dieselbe Dimension, und es wird auch die gleiche Einheit [$\text{cm}^{-1/2}$, $\text{g}^{1/2}$, sec^{-1}] verwandt. Es wird für H die Bezeichnung Oersted (Oe) gebraucht, während der Ausdruck Gauß (G) für die Induktion (B) verwandt wird. Man merke sich noch folgende Umrechnung:

$$1\,G = 10^{-8}\,\text{V}\,\text{sec}\,\text{cm}^{-2}$$

$$1\,Oe = \frac{10}{4\pi}\,\text{A}\,\text{cm}^{-1}$$

χ ist im allgemeinen ein Tensor, dessen Komponenten vom Feld H abhängen. Für Flüssigkeiten und Gase kann der Suszeptibilitätstensor durch seine Spur dargestellt werden:

$$\chi = \frac{1}{3}\,(\chi_{xx} + \chi_{yy} + \chi_{zz})$$

Da im GAUSSschen System B und H dimensionsgleich sind, ist χ eine dimensionslose Größe, die entweder auf die Volumen- oder Masseneinheit bezogen wird. Es werden folgende Symbole und Beziehungen verwandt:

χ bezogen auf 1 cm³: χ_v oder $\varkappa$

χ bezogen auf 1g: $\chi_g = \frac{\varkappa}{d}$ (d = Dichte)

χ bezogen auf 1 Mol: $\chi_M = M \cdot \chi_g$ (M = Molmasse)

Die χ_g-Werte der meisten Stoffe haben die Größenordnung 10^{-5} bis 10^{-6} $[g^{-1}]$. Deshalb werden wie üblich in diesem Buch alle χ_g-, χ_v- und χ_M-Werte in 10^{-6} *cgs*-Einheiten angegeben (wenn nicht anders vermerkt).

2.7. *Orientierender Überblick über Feldstärke-, Temperatur- und Richtungsabhängigkeit der magnetischen Eigenschaften*

2.7.1. *Diamagnetismus*

Die Teilchen besitzen kein permanentes Moment, sondern durch das äußere Feld induzierte, diesen entgegengerichtete magnetische Momente. Die Magnetisierung I ist der äußeren Feldstärke proportional. Die Suszeptibilität ist daher feldstärkeunabhängig. Das I/H-Diagramm zeigt Abb. 5. Da es sich um eine induzierte Magnetisierung handelt, ist die Suszeptibilität auch temperaturunabhängig.

In besonderen Fällen (z. B. Graphit) findet man auch eine starke Anisotropie des Diamagnetismus. Einen hohen Diamagnetismus zeigen außer Graphit auch Wismut, Gallium, Antimon und verschiedene spezielle Legierungssysteme. Beim Wismut findet man als weitere Anomalie, daß bei tiefen Temperaturen die Suszeptibilität eine periodische Funktion des Feldes ist (s. S. 186).

2.7.2. Paramagnetismus

Die Suszeptibilität ist ebenfalls unabhängig von der Feldstärke (s. Abb. 5), dagegen stark von der Temperatur abhängig, da die Wärmebewegung der Orientierung der Elementarmagnetchen durch das äußere Feld entgegenwirkt. In vielen Fällen gilt das CURIEsche Gesetz: $\chi = const./T$. Bei extremen Bedingungen (tiefen Temperaturen und hohen Feldstärken) können Sättigungseffekte auftreten, so daß diese Proportionalität nicht mehr erfüllt ist. Aber auch in normalen Temperaturbereichen finden wir zahlreiche Ausnahmen. Einige Beispiele für paramagnetische Stoffe: O_2, NO, Platin, Palladium, Schwermetallsalze (z. B. Eisen-, Kobalt- und Nickelsalze).

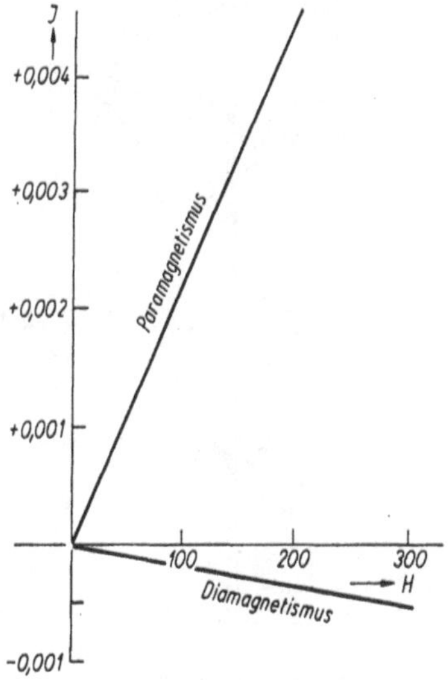

Abb. 5 *I/H*-Diagramm dia- und paramagnetischer Stoffe

2.7.3. Festkörpermagnetismus: Ferromagnetika, Antiferromagnetika

Diese Eigenschaften werden bei bestimmten Festkörpern in bestimmten Temperaturbereichen angetroffen. Für beide gibt es eine kritische Temperatur, oberhalb derer normaler Paramagnetismus angetroffen wird (CURIE-Temperatur für Ferromagnetika, NÈEL-Temperatur für Antiferromagnetika). Bei den Ferromagnetika finden wir in bestimmten Gitterbereichen eine Ausrichtung von Atomen bzw. Ionen derart, daß Elektronenspins verschiedener Atome parallel gerichtet sind, während bei den Antiferromagnetika eine Antiparallelstellung vor-

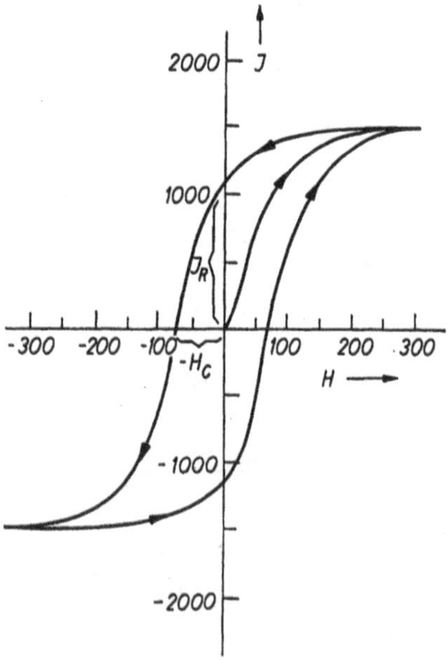

Abb. 6 I/H-Diagramm ferromagnetischer Stoffe

liegt. Beide Erscheinungen sind die Folge bestimmter interatomarer von der Gitterstruktur beeinflußter Wechselwirkungen.

So erklärt sich die große Magnetisierungsintensität der Ferromagnetika und ihre komplizierte Feldstärkeabhängigkeit. In Abb. 6 ist ein „ferromagnetisches" I/H-Diagramm dargestellt. I ist keine eindeutige Funktion von H, sondern von der Vorgeschichte abhängig. Verfolgen wir die Richtung der Pfeile, so sehen wir, daß die „jungfräuliche" Kurve bei der Rückkehr zu niedrigeren Feldstärken nicht wieder erreicht wird. I sinkt beim Erreichen der Feldstärke O auf den Wert I_R. Diesen Wert bezeichnet man als Remanenz. Erst wenn die äußere Feldstärke bis auf $-H_C$ angestiegen ist, erreicht I wieder den Wert O. $-H_C$ ist die Koerzitivkraft. Den gesamten Zyklus bezeichnet man als Hysteresisschleife. Aus diesem Verhalten folgt auch, daß bei höheren Feldstärken (bei dem Beispiel in Abb. 6 oberhalb 200 Gauß) die Suszeptibilität bei ferromagnetischen Stoffen feldstärkeabhängig ist. Da dann I von H unabhängig ist, fällt die Suszeptibilität mit steigender Feldstärke hyperbelförmig ab.

Bei metallischen Festkörpern spielen auch die magnetischen Eigenschaften des Elektronengases eine besondere Rolle. Näheres finden wir im Kap. 8.

3. Experimentelle Grundlagen

3.1. Erzeugung und Messung magnetischer Felder

3.1.1. Elektromagnete mit ferromagnetischen Kernen

Wohl in den meisten magnetochemischen Laboratorien werden für statische Suszeptibilitätsmessungen käufliche Elektromagnete verwendet. Das Angebot an leistungsfähigen, stabilisierten, regelbaren Magneten hat sich in den letzten Jahren durch die Entwicklung der

Kern- und Elektronenresonanzspektroskopie qualitativ und quantitativ erheblich verbessert. Für magnetochemische Arbeiten müssen die Dimensionen von Luftspalt und Polschuhen verändert werden können, da je nach den gestellten Problemen Feldstärkebereich, Inhomogenität und Raumbedarf im Luftspalt variiert werden müssen. Außerdem ist es günstig, wenn die Meßanordnung erlaubt, mit Meßzeiten und Erregerstromstärken zu arbeiten, bei denen die abzuführende Stromwärme so gering ist, daß Kühlprobleme und Spannungskonstanthaltung wegfallen. Bei Anwendung magnetischer Waagen mit elektromagnetischer Kompensation kann die Tatsache ausgenutzt werden, daß bei Speisung von Kompensation und Erregermagnet aus der gleichen Stromquelle unter bestimmten Voraussetzungen Spannungsschwankungen automatisch ausgeglichen werden können. Für Präzisionsmessungen bei größeren Feldstärken macht man heute vielfach von der Stabilisierung und Steuerung des Elektromagneten mit Hilfe der Kernresonanz Gebrauch.

Viele im Handel befindliche Standardmodelle beruhen konstruktiv und werkzeugmäßig noch auf älteren Arbeiten (klassische Halbringmagnete). Günstige Verhältnisse bringt das Prinzip des Topfmagneten mit sich,

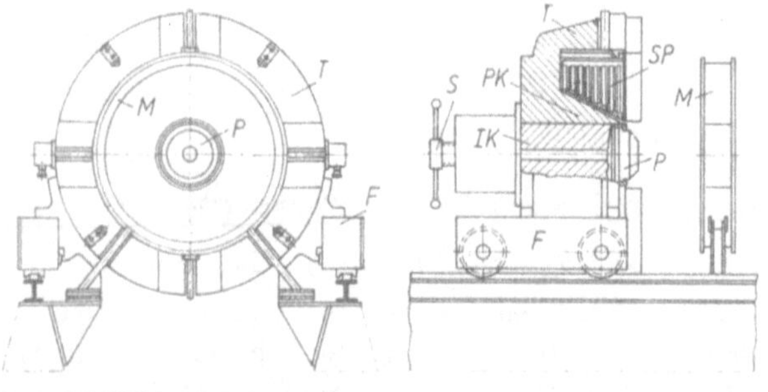

Abb. 7 Topfelektromagnet nach KOHLHAAS und LANGE (Aufbauskizze)
T – Magnettopf; PK – Polkern; IK – Innenkern; P – Polschuh; S – Spindel; F – Fahrwerk; SP – Spule; M – Montagering

bei dem das Joch als Eisenmantel den ganzen Magneten umgibt und der Luftspalt durch Schlitze im Joch zugänglich ist.

Abb. 7 und 8 zeigen den Aufbau eines besonders leistungsfähigen Topfelektromagneten nach Kohlhaas und Lange. Das richtige Aneinanderpassen der Konstruktionselemente Spule, Polschuh, Polkern und Joch bestimmt die Größe des im Luftspalt vorhandenen Magnetfeldes.
Kurze Beschreibung: Pohlschuhbasis mit 290 mm Durchmesser.

Der magnetische Kreis wird durch die Töpfe T von 1300 mm maximalen Außendurchmesser mit je einem konischen Polkern PK, den Polschuhen T und dem Luftspalt gebildet. Die Polkerne

Abb. 8 Topfelektromagnet nach Kohlhaas und Lange; Ansicht des geöffneten Magneten mit Montagering

enthalten je einen durch Spindelantrieb S beweglichen Innenkern IK, an dem die Polschuhe aufgeschraubt werden können. Die Innenkerne besitzen Durchbohrungen für Untersuchungen im longitudinalen Magnetfeld. Mit den beiden Spindeln können die Innenkerne unabhängig voneinander verschoben werden. Es sind Luftspaltbreiten von 0 bis 170 mm einstellbar. Die mit Transformatorenöl gekühlten Spulen sind der konischen Form der Polkerne angepaßt. Jeder Topf besitzt ein Spulensystem, das sich aus 8 Einzelspulen zusammensetzt. Jede Spule wurde aus umsponnenem Kupferband ($25 \times 1{,}4\ mm^2$) gewickelt. Bei einer Gesamtwindungszahl von 1664 Windungen ergibt sich bei 100 A Strombelastung eine Gesamterregung von 166400 AW. Die erreichbaren Luftspaltfelder als Funktion der Stromstärke sind Abb. 9 zu entnehmen. Die beiden Töpfe werden auf je einem Fahrwerk F befestigt und können auf Schienen hydraulisch gefahren werden. Zum Einbau von Meßapparaturen dienen auswechselbare Montageringe (W). Auf diese Weise kann der Magnet in bestimmten Zeiträumen von Arbeitsgruppen in Anspruch genommen werden. Die Kühlung des Öls erfolgt durch zwei Ölrückkühlanlagen für je 20 kW Leistung.

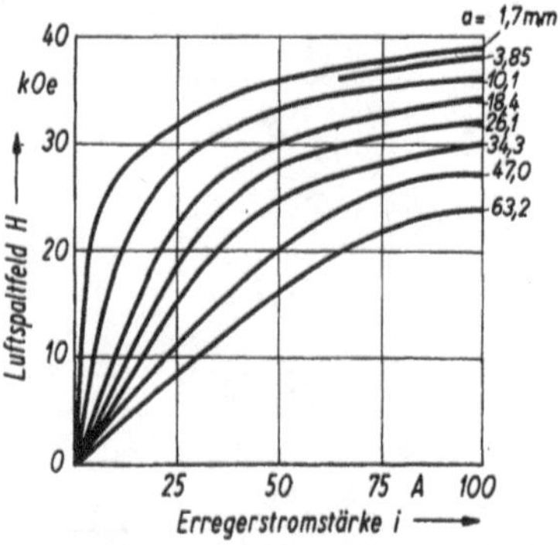

Abb. 9 Luftspaltfelder als Funktion der Stromstärke des Magneten nach KOHLHAAS und LANGE

Will man höhere Feldstärken erreichen, muß man die Sättigungsmagnetisierung des Kernmaterials berücksichtigen. Sie beträgt z. B. für die Legierung 50Fe 50Co 24,5 kG. Mit günstigen Polschuhformen lassen sich damit noch etwa 50 kG erreichen. Es wurde vorgeschlagen, Polkappen aus seltenen Erdmetallen bei tiefen Temperaturen zu verwenden. Wegen der höheren Sättigungsmagnetisierungen z. B. von Dy und Ho würden damit evtl. Felder von 80 kG erreicht werden können. Praktische Ergebnisse liegen noch nicht vor.

3.1.2. Permanentmagnete

Auf dem Gebiet der Permanentmagnete sind durch die Entwicklung neuer magnetischer Werkstoffe mit sehr hoher Remanenz und Koerzitivkraft große Fortschritte zu verzeichnen. Für die magnetochemische Praxis der statischen Suszeptibilitätsmessungen sind jedoch kommerzielle Permanentmagnete (z. B. AlNiCo-Magnete) nur sehr beschränkt verwendbar, weil in den meisten Fällen die Untersuchung der Feldstärkeabhängigkeit der Suszeptibilität für die Versuchsauswertung unumgänglich ist. Für besondere Zwecke (z. B. Untersuchungen, die sich über lange Zeiträume erstrecken) haben sich Permanentmagnete als zweckmäßig erwiesen. Besondere Bedeutung besitzen Standard-Permanentmagnete für Eichzwecke.

3.1.3. Eisenfreie wassergekühlte Spulen

Werden sehr starke Felder gebraucht (z. B. für magnetokatalytische Untersuchungen), geht man zu kernlosen Spulen über. Selbstverständlich können auch mit ihnen nicht beliebig hohe Feldstärken erreicht werden, da auch die wirksamsten Kühleinrichtungen die Stromwärme schließlich nicht mehr abführen können. Für die erreichbare Leistung ist die Gleichung von Fabry wichtig:

$$H = g \sqrt{\frac{W \cdot \lambda}{\varrho \cdot a}}$$

(g = geometrischer Faktor, der von Größe und Form der Spule abhängt, W = aufgewandte elektrische Leistung, ϱ = spezifischer Widerstand der Spule, a = innerer Radius der Spule, λ = Füllfaktor, der den Bruchteil des Spulenvolumens angibt, der von Leitermaterial erfüllt ist). Aus dieser Gleichung ergibt sich, daß bei günstigsten Konstruktionen ein Feld von 110 kG eine Leistung von einem Megawatt erfordert. Will man also Felder dieser Größenordnung erreichen, muß so wirksam wie möglich gekühlt werden. Hierfür sind die verschiedenartigsten Konstruktionen erdacht worden. Eine besonders wirksame Bauart hat BITTER angegeben: Eine Spirale, die aus durchbohrten Leiterplatten besteht, deren Durchbohrungsschema Abb. 10 zeigt. Die Dichte der Kühllöcher nimmt gegen die Plattenmitte hin zu, da die Stromdichte umgekehrt proportional zum Radius ist. Die

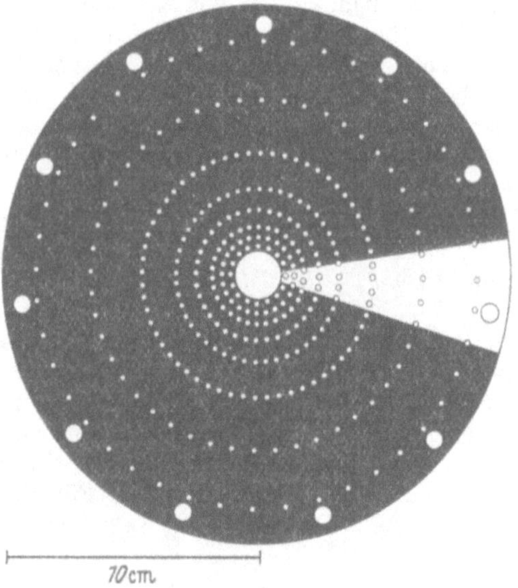

Abb. 10 Durchbohrungsschema der Leiterplatten eines BITTER-Magneten

Leiterplatten sind voneinander isoliert und so verschweißt, daß die Bohrungen genau übereinanderliegen. Mit einem BITTER-Magneten erreicht man in 1 mm weiten Kühlröhren einen Wärmeaustausch von 1000 bis 1500 Watt/cm^2 bei einer Wassergeschwindigkeit von 10 m^3/sec.

Die mit kernlosen Spulen bisher erreichten höchsten Feldstärken betragen 250 kG (Montgomery am MIT) bzw. bei Pulsbetrieb 400 kG für die Dauer von zwei Sekunden (Bergles am MIT). Bei diesen Magneten treten bereits Zug- bzw. Druckkräfte auf, die die Fließgrenze auch harten Kupfers überschreiten. Daher sind hier noch besondere Konstruktionsprinzipien anzuwenden.

Für die Magnetochemie wird in Zukunft die Erzeugung großer Feldstärken zunehmende Bedeutung erlangen.

3.1.4. Supraleitungsmagnete

Aus diesen Gründen sei noch kurz auf die Möglichkeit eingegangen, mit widerstandslosen Spulen zu arbeiten, wobei jedoch die Physik der Supraleiter nur skizzenhaft berührt werden kann.

Supraleitende Elemente (z. B. Hg, Sn oder In) besitzen unterhalb des Sprungpunktes T_c (bei den wichtigsten Supraleitern ca. 10 bis 20 °K) keinen elektrischen Widerstand und zeigen die Erscheinung des MEISSNER-Effektes: Bringt man sie in ein Magnetfeld, trifft man einen magnetischen Fluß nur in einer dünnen Oberflächenschicht an. Oberhalb des sogenannten kritischen Magnetfeldes H_c verschwindet die Supraleitfähigkeit und der magnetische Fluß durchdringt den ganzen Leiter. Die Größe von H_c hängt wiederum von der Temperatur ab. Bringt man einen Supraleiter unterhalb T_c in ein Magnetfeld, findet man eine lineare Magnetisierungskurve (Abb. 11). Supraleiter mit solchem Verhalten nennt man weiche Supraleiter. Die Magnetisierungskurve harter Supraleiter zeigt Abb. 12. Hier kommt es auf das Verhältnis der

Größen H_{c1} und H_{c2} an. Solche harten Supraleiter verwendet man für Supraleitungsmagnete. Die wichtigsten harten Materialien sind V_3Ga und Nb_3Sn (sehr spröde intermetallische Verbindungen) sowie die duktilen Legierungen Ti—Nb und Zr—Nb. Die Duktilität ist natürlich für den Bau von Spulen von großer Bedeutung. Für die Herstellung möglichst wenig spröder Drähte ist bisher viel Mühe aufgewandt worden. Hinzu kommt jedoch noch, daß die Materialien auch noch Gitterstörungen aufweisen sollen. Diese bewirken eine möglichst hohe kritische Stromstärke (das ist jene Stromstärke, bei der in einem äußeren Magnetfeld die Supraleitung zusammenbricht).

Kleine Supraleitungs-Magnete für Felder von 50 bis 70 kG werden in Zukunft sicher in größerem Ausmaß in der magnetochemischen Laboratoriumspraxis eine Rolle spielen, insbesondere natürlich für Messungen bei tieferen Temperaturen. Die anfallenden Kühlprobleme sind in solchen Laboratorien, die Tieftemperaturmessungen magnetischer Art durchführen, leicht zu bewältigen.

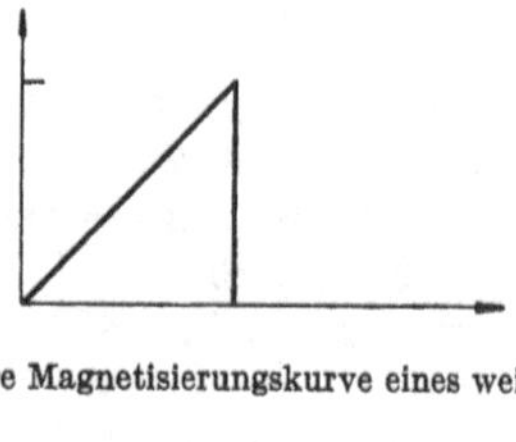

Abb. 11 Lineare Magnetisierungskurve eines weichen Supraleiters

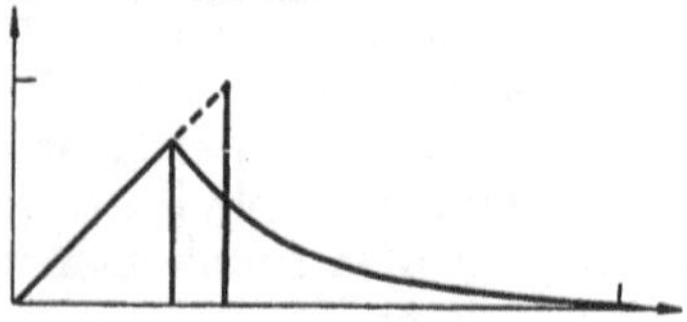

Abb. 12 Magnetisierungkurve eines harten Supraleiters

3.1.5. Messung magnetischer Felder

Obwohl in vielen Fällen statische Suszeptibilitätsmessungen als Relativmessungen mit Eichsubstanzen durchgeführt werden, ist es doch immer sehr zweckmäßig, über die Absolutwerte der Feldstärke und den Verlauf des Inhomogenitätsgradienten für verschiedene Polschuhformen orientiert zu sein. Eine sehr genaue Ausmessung eines Feldes dürfte sich in den meisten Fällen erübrigen. Für einfache Feldmessungen stehen zahlreiche Methoden zur Verfügung, deren nähere Beschreibung der Literatur zu entnehmen ist: Fluxmetrische oder ballistische Verfahren, Widerstandsänderungen von Wismut-Spiralen (temperaturempfindlich) und vor allem Hallsonden. Größere Ansprüche an die Genauigkeit erfüllen Methoden, bei denen die ponderomotorische Kraft auf einen stromführenden Leiter gemessen wird (Prinzip der COTTON-Waage). Besondere Bedeutung hat heute die Feldmessung mit Hilfe der Protonenresonanz erlangt. Bei dieser Methode wird die Frequenz gemessen, bei der die Protonenresonanz in Wassermolekülen auftritt, die sich in einem Magnetfeld befinden. Die Resonanzfrequenz, die mit großer Genauigkeit gemessen werden kann, steht über die Resonanzbedingung mit der Feldstärke in Verbindung. Diese Methode eignet sich vor allem für die Messung starker homogener Felder.

3.2. Kraftwirkung im magnetischen Feld

3.2.1. Kleine Probekörper (Differentialmethode)

Aus der Magnetostatik ist bekannt, daß die Kraft, die ein Feld mit der Inhomogenität $\frac{\partial H}{\partial x}$ auf einen Körper mit dem magnetischen Moment M im Vakuum ausübt, durch folgenden Ausdruck gegeben ist:

$$K = M \cdot \frac{\partial H}{\partial x}$$

Für einen kleinen Probekörper homogener Suszeptibilität $\varkappa$ mit dem Volumen dv gilt, da die Beziehung $M = \varkappa \cdot H \cdot dv$ besteht, folgende Differentialgleichung:

$$dK = \varkappa \cdot H \cdot \frac{\partial H}{\partial x} dv$$

Ist über den Bereich dv der Ausdruck $H \frac{\partial H}{\partial x}$ konstant, so kann diese Beziehung in der Form

$$K = \varkappa \int H \cdot \frac{\partial H}{\partial x} dv$$

direkt für Kraftmessungen an kleinen Probekörpern praktisch verwandt werden. Der Verlauf der drei Größen H, $\frac{\partial H}{\partial x}$ und $H \frac{\partial H}{\partial x}$ bestimmt die Wirkungsweise fast sämtlicher Meßmethoden, die auf magnetischen Kraftwirkungen beruhen. Abb. 13 gibt eine schematische Darstellung des Verlaufs dieser Größen im Luftspalt zweier Polschuhe mit „inhomogenen" Profilen. Für die Kraftwirkung bestimmend ist der Kurvenverlauf von $H \frac{\partial H}{\partial x}$ (man beachte, daß die Ordinatenwerte die Kraftwirkung auf den Probekörper in Richtung der Abszisse auf den Koordinatenursprung angeben).

Bei allen Meßeinrichtungen, die die Differentialmethode verwenden, muß streng darauf geachtet werden, daß der Probekörper immer an die gleiche Stelle des Feldes gebracht wird. Wie diese Forderung praktisch verwirklicht wird, ist das Hauptproblem dieser Meßmethode. Näheres findet man im Kap. 3.2.3.

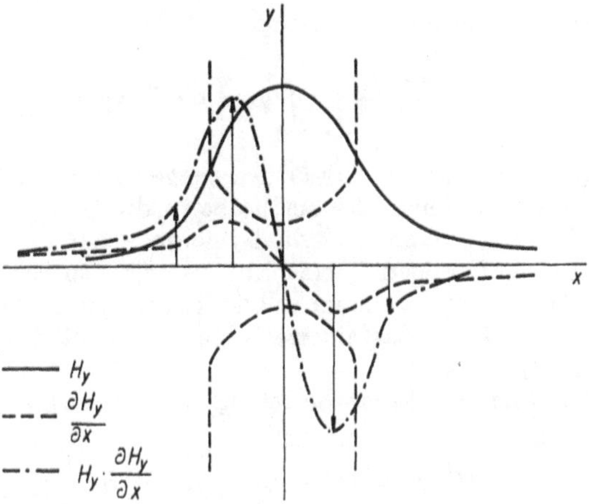

Abb. 13 Verlauf von H, $\frac{\partial H}{\partial x}$, $H \frac{\partial H}{\partial x}$ in einem üblichen „inhomogenen" Luftspalt

3.2.2. Zylindermethode (Integralmethode)

Als allgemeiner Ausdruck, der auch die wirklichen Gegebenheiten bei einer Kraftmessung im Magnetfeld berücksichtigt, muß folgende die Inhomogenitäten der Dichte ϱ als auch der Permeabilität μ enthaltende Beziehung angesehen werden:

$$K = -\frac{1}{8\pi} \iiint \left\{ \operatorname{grad} \left(H^2 \varrho \frac{\partial \mu}{\partial \varrho} \right) + H^2 \operatorname{grad} \mu \right\} dx\, dy\, dz$$

Für den Sonderfall gleichmäßig dichter und magnetisch isotroper Proben (Flüssigkeiten, für Festkörper ist diese Voraussetzung zumeist nicht erfüllt) gilt

$$\mu = 1 + 4\pi\chi\varrho, \qquad \frac{\partial \mu}{\partial \varrho} = 4\pi\chi, \quad \operatorname{grad} \mu = 0$$

Damit erhält man

$$K = \frac{\varkappa - \varkappa_0}{2} \iiint \operatorname{grad} H^2 \, dx \, dy \, dz$$

k_0 ist die Suszeptibilität des umgebenden Mediums, das durch Einführen der Meßprobe verdrängt wird.

Bei der sogenannten Zylindermethode hat die Probe einen gleichförmigen Querschnitt q und ist so bemessen, daß sich das eine Ende im Gebiet konstanter, maximaler Feldstärke $H_{\max}$, das andere Ende im Gebiet der Feldstärke H_0 befindet.

Es gilt dann folgende Beziehung $(dv = q\,dx)$

$$\int dK(x) = (\varkappa - \varkappa_0) q \int_{H_0}^{H_{\max}} H(x) \, dH(x)$$

aus der schließlich

$$K = \frac{\varkappa - \varkappa_0}{2} q (H_{\max}^2 - H_0^2)$$

folgt. Sorgt man dafür, daß $H_0 = 0$ ist, resultiert schließlich:

$$\varkappa = \frac{2K}{q H_{\max}^2} + \varkappa_0$$

bzw. für die Grammsuszeptibilität: $\chi = \dfrac{\varkappa}{\varrho}$:

$$\chi = \frac{2K}{q \varrho H_{\max}^2} + \frac{\varkappa_0}{\varrho}$$

Hier ist ϱ die wahre oder scheinbare Dichte der Substanz. Bei Messungen an feinkristallinen oder pulverförmigen Substanzen ist jedoch die Inhomogenität der Dichte ein wesentlicher die Genauigkeit der Messungen limitierender Faktor. Über die Auswirkungen unterschiedlicher Packungsdichte s. S. 63.

Für Präzisionsmessungen sind noch folgende Feinheiten zu beachten:

a) Der zweite Summand in der letzten Gleichung kann besonders zur Fehlerquelle werden, wenn in Luft gemessen wird, da Sauerstoff eine hohe paramagnetische Suszeptibilität besitzt. Deshalb werden Messungen mit der Zylindermethode unter Umständen im Vakuum oder in einer Heliumatmosphäre durchgeführt.
b) Bei Messungen mit pulverförmigen Proben wird die Suszeptibilität des Gasrestes innerhalb der Packung mitgemessen. Bei Diamagnetismusmessungen empfiehlt es sich daher, das Röhrchen ebenfalls in einer Heliumatmosphäre zu füllen.
c) Auch die Abhängigkeit des Auftriebes des Versuchsobjektes — insbesondere von der Temperatur — kann unter Umständen als Fehlerquelle in Betracht kommen.

3.2.3. Torsionsmethoden

Zunehmende Bedeutung erlangen Messungen an magnetisch anisotropen Substanzen, insbesondere an Kristallen. Im homogenen Magnetfeld nimmt ein freidrehbarer anisotroper Körper bestimmte Lagen ein, wobei die Achse der größten Suszeptibilität parallel zu den Feldlinien ausgerichtet ist. Dreht man einen anisotropen Körper aus seiner stabilen Lage, wird auf ihn ein Drehmoment ausgeübt. Dieses Drehmoment kann gemessen werden, wenn der Körper an einem Quarzfaden hängt, dessen Torsionskonstante bekannt ist.

Nach KRISHNAN geht man praktisch so vor, daß durch Drehen des Torsionskopfes der Kristall in eine Lage gebracht wird, die beim Einschalten des Feldes (5 bis 10 kG) nicht mehr geändert wird. Die Richtung der algebraisch größten Suszeptibilität verläuft dann parallel zur Feldrichtung. Von dieser Lage ausgehend hat KRISHNAN zwei Verfahren vorgeschlagen und ausgearbeitet, die Oszillations- und Drehwinkelmethode. Die erstere beruht darauf, daß, wenn der Kristall eine oszillierende Bewegung ausführt, die Oszillationsdauer nach folgender

Gleichung mit der magnetischen Anisotropie $\Delta\chi$ zweier Hauptsuszeptibilitäten in der Oszillationsebene verknüpft ist:

$$\Delta\chi = \frac{T_0^2 - T^2}{T^2} \cdot \frac{c \cdot M}{H^2 m}$$

T und T_0 = Oszillationszeiten mit und ohne Feld, c = Torsionskonstante des Aufhängefadens, m = Masse des Kristalls, M = Molekulargewicht, $\Delta\chi$ = Differenz zwischen maximaler und minimaler Suszeptibilität längs der in der Oszillationsebene liegenden magnetischen Achsen.

Zur Bestimmung der dritten Hauptachsensuszeptibilität muß der Kristall umgehängt werden. Die sich für die verschiedenen Kristallsysteme ergebenden verschiedenen Aufhängungen und die Benennung der magnetischen Achsen in den verschiedenen Kristallsystemen entnehme man der Spezialliteratur.

Die Drehwinkelmethode beruht auf folgender Beziehung: Das Drehmoment D eines anisotropen Kristalls mit den Hauptachsensuszeptibilitäten χ_1 und χ_2 in der Drehebene im Magnetfeld beträgt:

$$D = \frac{H^2 m}{2M} (\chi_1 - \chi_2) \sin 2\varphi$$

(φ = Drehwinkel des Kristalls).

Im Gleichgewicht muß dieses Drehmoment gleich dem Torsionsmoment des Fadens sein:

$$\frac{H^2 m}{2M} (\chi_1 - \chi_2) \cdot \sin 2\varphi = c(\psi - \varphi)$$

(ψ = der am Torsionskopf gemessene Winkel).

Es gilt immer $\psi > \varphi$. Ist $\varphi = \frac{\pi}{4}$ erreicht, klappt der Kristall in eine neue Gleichgewichtslage um. In diesem Moment wird der Winkel ψ abgelesen. Es ergibt sich dann nach einigen Rechnungen folgende Beziehung:

$$\Delta\chi = \frac{2M}{m}\cdot\frac{c}{H^2}\cdot\left(\psi - \frac{\pi}{4}\right)$$

Da die Messung der magnetischen Anisotropie in der Magnetochemie zunehmende Bedeutung gewinnt, wurden in den letzten Jahren zahlreiche spezielle Torsionsverfahren mit z. T. sehr großer Genauigkeit entwickelt (s. S. 48).

3.3. *Auf Kraftwirkungen beruhende Meßverfahren*

3.3.1. *Vertikale Zylindermethoden (*Gouy*-Methoden)*

Eine sehr einfache, in jedem Laboratorium leicht zu installierende Gouy-Waage ohne große Ansprüche an die Meßgenauigkeit (nicht unter 2%) zeigt Abb. 14. Die auf das Meßröhrchen im Magnetfeld wirkende Kraft wird mit einer handelsüblichen Halbmikrowaage bestimmt. Diese ruht auf einem in zwei Richtungen beweglichen Kreuztisch, der zur Einjustierung der Probe zwischen den Polschuhen dient. Thermische Schwankungen der Aufhängevorrichtung werden durch einen Schutzmantel herabgesetzt. Das Magnetfeld wird mit einem wassergekühlten Weißschen Magneten erzeugt (3 bis 10 kG). Die Spaltbreite beträgt 3,8 cm, bei Einbau von Öfen oder Kühlvorrichtungen 4,8 cm. Die Spannungsschwankungen in hauseigenen Gleichstromnetzen erfordern häufig eine eigene Stromversorgung des Magneten (s. Blockschaltbild Abb. 15.). Hier wurde Wechselspannung über einen magnetischen Konstanthalter an einen regelbaren Transformator gelegt und in einer folgenden Zweiweggleichrichterstufe gleichgerichtet. Die Stromstärkeregulierung für den Magneten kann am Regeltrafo vorgenommen werden. In Abb. 14 sieht man

Abb. 14 Aufbau einer einfachen GOUY-Waage

noch das Gehäuse einer Heizvorrichtung für Messungen bei höheren Temperaturen (über Heiz- und Kühlprobleme orientiert Kap. 3.5.1.).

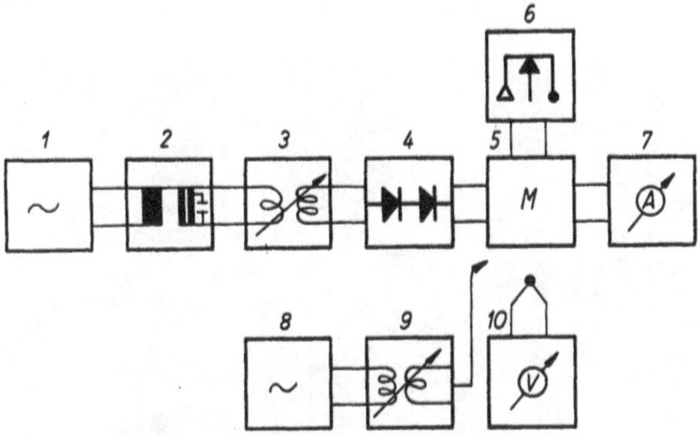

Abb. 15 Blockschaltbild für den Magneten der Abb. 14

1 – Wechselspannungsquelle; *2* – Magnetischer Konstanthalter; *3* – Regeltransformator mit Mittelabgriff; *4* – Zweiweggleichrichterschaltung; *5* – Magnet; *6* – Halbmikrowaage ; *7* – Amperemeter für die Feldstärkeüberwachung; *8, 9* – Stromversorgung für den Ofen; *10* – Temperaturkontrolle (Thermoelement)

Eine hohen Ansprüchen genügende GOUY-Apparatur von H. L. SCHLÄFER und J. STAAB, die vor allem für Tieftemperaturmessungen konstruiert ist, zeigt Abb. 16. Im Vordergrund ist das Joch des Elektromagneten (*1*), darüber der Kryostat (*2*) und der Waagenbehälter (*3*) zu erkennen, im Hintergrund die elektrische Meß- und Regeleinrichtung (*4*) und die Ventile und Meßgeräte der Vakuumanlage (*5*). Der Erregerstrom des Magneten wird in einem Netzgerät auf $\frac{\Delta I}{I} < 10^{-5}$ stabilisiert (Maximalerregung bei Luftspaltbreite von ca. 5 cm 12,5 kG). In einem Vakuumkessel mit Sichtscheibe und vakuumdicht durchgeführtem Bedienungsorgan ist eine Halbmikrowaage eingebaut. Versuchsraum und Waageraum bilden ein in sich abgeschlossenes evakuierbares oder mit einem anderen Gas füllbares System. Der Aufhängefaden besteht oben aus einer feinen Kette, im unteren Teil aus einem vorgedehnten Nylonfaden. Das mit der Substanz gefüllte Glas bzw. Quarzröhrchen

Abb. 16 GOUY-Waage nach SCHLÄFER und STAAB

befindet sich in einem dünnwandigen Kupferrohr. Über dem Kryostaten und die Temperaturmessung und -regelung unterrichte man sich in der Originalarbeit (Z. f. Physikalische Chemie, N. F. 50 (1966), 200).

Für die Kraftkompensation können auch elektromagnetische Methoden benutzt werden, die viele Vorteile mit sich bringen.

Eine solche Anlage, die speziell für Messungen an Halbleitern von Ullrich entwickelt wurde (Wiss. Z. der Martin-Luther-Universität Halle **10** (1961), 875), wird im folgenden beschrieben: Als Balancesystem dient eine Analysenwaage, die unter einer Glasglocke vakuumdicht abgeschlossen ist (s. Abb. 17). Die Probe hängt an einem Hartglasfaden in einem Schutzgehäuse ca. 55 cm unterhalb der Grundplatte zwischen den Polen eines Elektromagneten. Die Waage steht auf einer 35 kg schweren Sandsteinplatte, die auf Tennisbällen gelagert wird. Zur Kraftkompensation dienen kleine Permanentmagnetchen, die in eine Spule eintauchen. Mit Hilfe des Spulenstroms kann die Auslenkkraft bei eingeschaltetem Magnetfeld kompensiert werden. Am Waagebalken befindet sich ein kleiner Spiegel, der das Licht einer Wolframlampe auf eine Doppelphotozelle reflektiert, die in einer Brückenschaltung liegt, an deren Nullinstrument der Waagenstand abgelesen wird. Mit dieser Waage können Kraftänderungen in der Größenordnung von einigen 10^{-3} dyn registriert werden.

Eine ähnliche, jedoch selbstkompensierende magnetische Waage mit automatischem Temperaturprogramm wurde von Wuttig und Wagner entwickelt (Z. F. Instrumentenkunde **71** (1963), 230). Sie dient der Aufnahme von Suszeptibilitäts-Temperatur-Kurven, bei denen eine kleine Meßgeschwindigkeit (Temperaturänderung pro Zeit) erforderlich ist, wobei sich Meßzeiten von einigen Tagen ergeben können. Abb. 18 zeigt das Blockschaltbild der Gesamtapparatur. Auch hier wird elektromagnetisch die Pendelstellung der Waage kompensiert. Die automatische Einstellung des Gleichge-

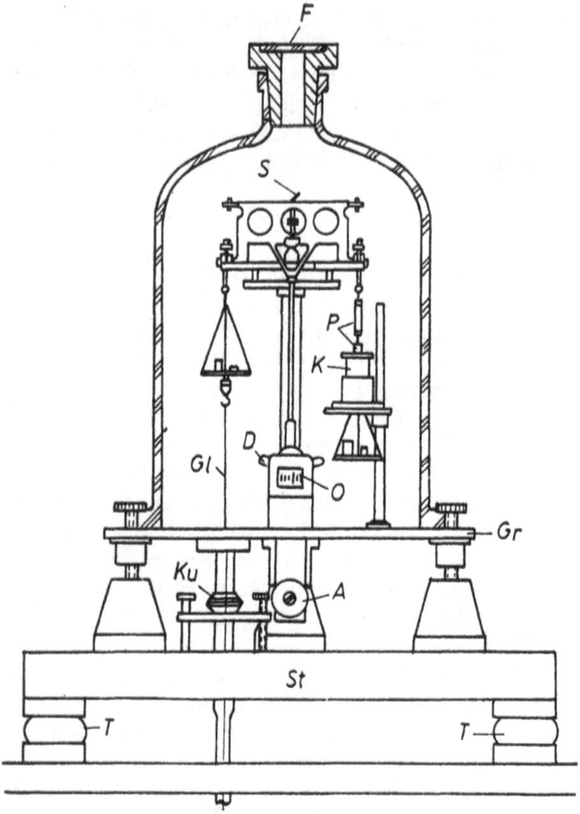

Abb. 17 Schematische Darstellung der magnetischen Waage nach ULLRICH
A – Arretierung; D – Dämpfung; F – Fenster; Gl – Glasfaden; Gr – Grundplatte; K – Kompensationsspulen; Ku – Kugelschliff; O – optische Anzeigevorrichtung; P – Permanentmagneten; S – Spiegel; St – Steinplatte; T – Tennisbälle

wichtskompensationsstroms erfolgt mit Hilfe eines Regelverstärkers, der in Abhängigkeit von der Pendelstellung photoelektrisch gesteuert wird. Das Temperaturprogramm realisiert ein zweiter Verstärker, der den Heizstrom des Ofens durch Vergleich einer programmierten Voltspannung mit der Thermospannung eines Temperaturkühlers an der Probe regelt. Die Analogwerte für Kompensationsstrom und Temperatur werden von einem druckenden $X-Y$-Schreiber registriert, dessen zeitliche Druckfolge einstellbar ist.

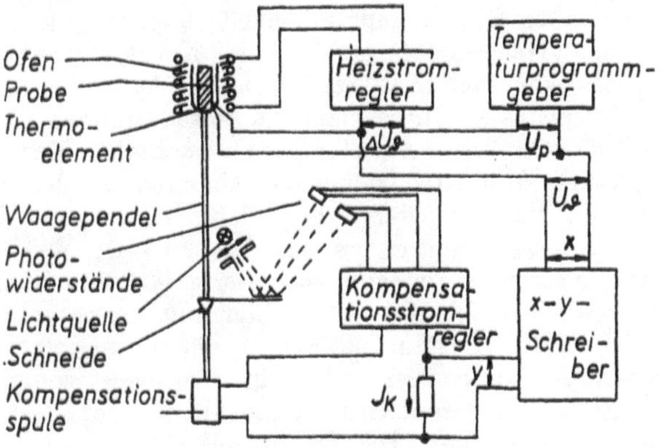

Abb. 18 Blockschaltbild der selbstkompensierenden magnetischen Waage mit automatischem Temperaturprogramm nach WUTTIG und WAGNER U_p – Sollspannung für Temperaturprogramm; U_ϑ – Thermospannung; $\Delta U_\vartheta - U_p - U_\vartheta$; J_K – Gleichgewichtskompensationsstrom

3.3.2. Horizontale Zylinder- und Pendelmethoden

Natürlich läßt sich auch die Auslenkung eines horizontal angebrachten Probezylinders zur Suszeptibilitätsmessung verwerten. Sie bringt verschiedene Vorteile mit sich. Gewichtsänderungen während der Messung (Niederschlagen von Staub oder Wasserdampf) wirken sich wesentlich weniger aus. Die auf die Probe wirkende axiale Kraft nach Einschalten des Feldes kann sowohl als Ausschlag (unter bestimmten Voraussetzungen), als auch mit einer Kompensationsvorrichtung gemessen werden. Das Prinzip der horizontalen Auslenkung wurde von THEORELL für eine hochempfindliche magnetische

Mikromethode benutzt. Sie beruht auf der Kompensation der Auslenkung eines Pendelsystems (die Probe hängt an etwa 1 m langen Fäden) durch horizontales Verschieben eines Schlittens, der das Pendelsystem mit führt. Allerdings ist diese Art der Kraftkompensation mit dem Nachteil verbunden, daß die Kraftmessung nicht von der Systemempfindlichkeit unabhängig ist.

Diesen Nachteil vermeidet die Konstruktion der Magnetwaage nach Havemann. Bei ihr handelt es sich um ein starres Balancesystem, an dessem unteren Ende das Proberöhrchen in fixierter Lage horizontal im Magnetfeld hängt. Abb. 19 zeigt ein aus Aluminiumstreben bestehendes Balancesystem, das relativ robust und für Routinemessungen geeignet ist. Abb. 20 zeigt eine auf diesem System beruhende verbesserte Meßeinrichtung, ein besonders leichtes aus Aluminiumzeigerrohr geklebtes Balancesystem, dessen Drehmoment elektromagnetisch kompensiert wird, in dem eine Kompensationsspule in den Polspalt eines kleinen Topfelektromagneten eintaucht. Die Stromzuführung ist so kon-

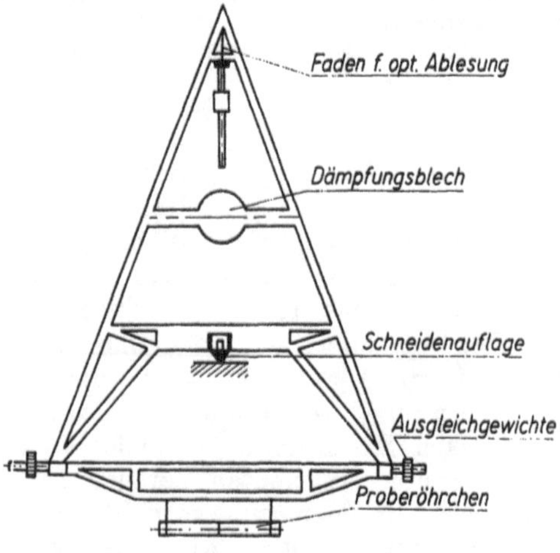

Abb. 19 Balance-System einer Havemann-Waage

struiert, daß kein zusätzliches Drehmoment auftritt (sie verläuft über zwei kleine Platinfedern, die auf Platinplatten ruhen).

Abb. 20 Diamagnetismus-Waage

Weitere Pendelmethoden wurden z. B. von KNAPPWOST sowie von BEISSWENGER und WACHTEL beschrieben. Letztere Autoren verwenden ein Pendelsystem, das vor allem für Messungen an Metallschmelzen bei hohen Temperaturen geeignet ist. Die verwendete Pendelwaage zeigt Abb. 21. Die elektromagnetische Kompensation ist so bemessen, daß ein Drehmoment erzeugt werden kann, das eine Auslenkkraft von 1700 dyn kompensieren kann.

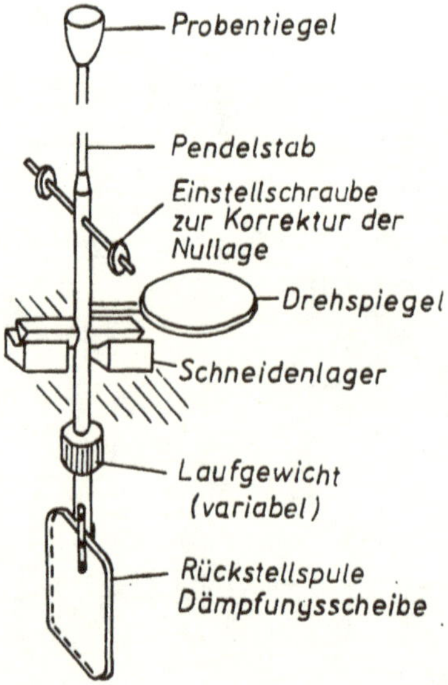

Abb. 21 Pendelwaage nach BEISSWANGER und WACHTEL

3.3.3. *Differentialmethoden (*FARADAY-*Methoden)*

Bei Anwendungen der Differentialgleichung S. 33, bei denen es, da nicht über einen Feldstärkebereich integriert wird, darauf ankommt, daß die Proben immer an die gleiche Stelle des Feldes gebracht werden, haben sich besondere Polschuhformen als zweckmäßig erwiesen (s. Abb. 22). Das Prinzip zeigt Abb. 22. Die Probe wird so justiert, daß sie sich im Maximum des Produktes $H \cdot \frac{\partial H}{\partial x}$ befindet (Nullpunkt des Koordinatensystems). Die Probe kann sich frei entlang der X-Achse bewegen, die Aufhängung kann in verschiedener Weise vorgenommen werden. Die älteste Anordnung stammt von Weiss und Foëx (s. Abb. 23). Die Probe A ist starr mit einer Stange verbunden, die bifilar aufgehängt ist und in Richtung AC bewegt werden kann. Der Spiegel C, der einen Lichtstrahl reflektiert, ist so angebracht, daß er sich dreht, wenn sich die Stange bewegt.

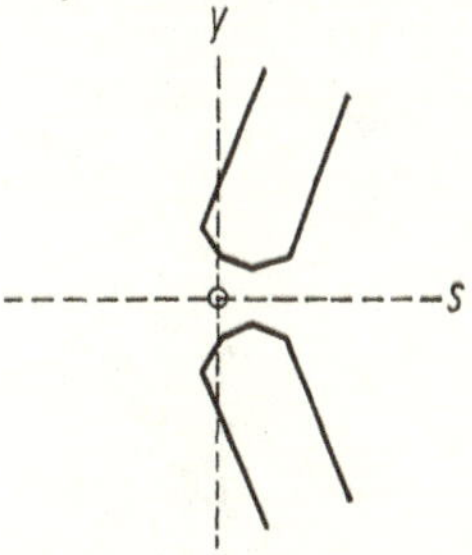

Abb. 22 Prinzip der Faraday-Waage

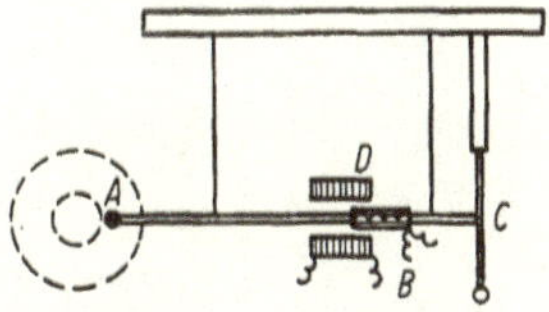

Abb. 23 Methode von Weiss und Foëx

Eine weitere Anordnung wurde von Curie und Chéneveau angegeben (s. Abb. 24). Es wird eine Drehwaage und ein um eine Achse drehbarer Magnet verwendet. Dieser wird zunächst so justiert, daß kein Ausschlag der Drehwaage auftritt (Stellung Null). Dreht man jetzt den Magneten, wird an einer bestimmten Stelle ein maximaler Ausschlag (Stellung A) auftreten. Die Anlage wird mit maximalen Ausschlagwinkeln von Substanzen bekannter Suszeptibilität geeicht.

Abb. 25 zeigt die Apparatur von Sucksmith. Die Probe ist vertikal an einem Ring aus Phosphorbronze aufgehängt. An diesem Ring sind zwei kleine Spiegel so befestigt, daß eine optimale Lichtzeigerablesung für die Bewegung des Rings vorliegt. Von SELWOOD wurde die FARADAY-Waage der Abb. 26 angegeben.

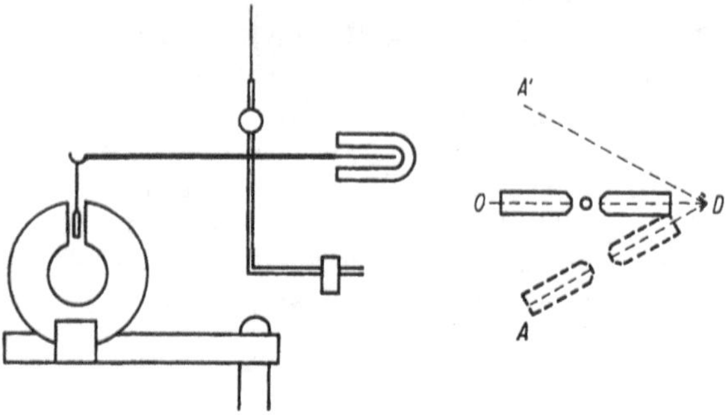

Abb. 24 CURIE-CHÉNEVEAU-Waage

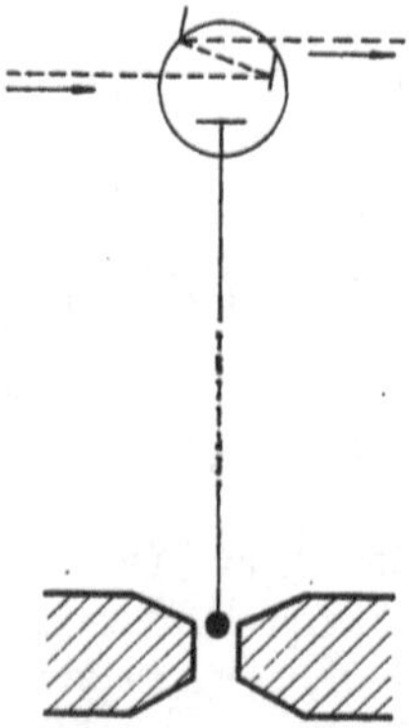

Abb. 25 SUCKSMITH-Balance

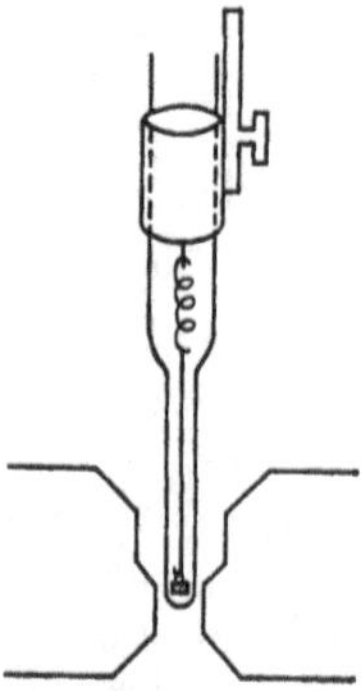

Abb. 26 FARADAY-Waage nach SELWOOD

3.3.4. Torsionsmethoden

Torsionswaagen, die vor allem für Präzisionsmessungen, sowie für Messungen an geringsten Substanzmengen (Plutoniumchemie!) entwickelt wurden, sind in der

Literatur zahlreich beschrieben worden. Da sie zumeist sehr spezielle Konstruktionsprinzipien verwenden, seien hier nur einige Anordnungen aufgeführt: RANKINE benutzt ein senkrecht an einem Torsionskopf hängendes Metallband, das einen Aluminiumbalken trägt, an dessen einem Ende die Probe in einem Magnetfeld hängt (Lichtzeigerablesung). Die Einstellung des Torsionskopfes kann auch mit Hilfe der Lichtinterferenz sehr genau abgelesen werden. BOCKRIS und PARSONS beschreiben eine Anordnung, mit der eine Änderung der Volumensuszeptibilität von $4 \cdot 10^{-10}$ gemessen werden kann. Eine Torsionswaage, die auch Anisotropiemessungen in einem weiten Temperaturbereich gestattet, wurde von SCHOFFA, RISTAU und MAI angegeben. Auch für die Messung von Gassuszeptibilitäten sowie für die Untersuchung photochemischer Reaktionen wurde das Torsionsprinzip angewandt. Eine sehr empfindliche Apparatur auf Grund einer von BITTER erarbeiteten Methode entwickelte EVANS:

Zwischen den Polschuhen hängt an einem Quarzfaden das Proberöhrchen, das von unten her belichtet wird. Bei photochemischen Reaktionen kann nun eine Drehung des Röhrchens dadurch bewirkt werden, daß die bestrahlte Fläche in vier Sektoren aufgeteilt ist, von denen zwei gegenüberliegende lichtdicht abgedeckt sind (Abb. 27). Die Torsion wird durch einen gespiegelten Lichtstrahl photoelektrisch verfolgt. Die gesamte Aufhängung befindet sich in einer H_2-Atmosphäre. Von MERCIER und BOVET wurde eine als Torsionspendel ausgebildete Meßeinrichtung angegeben, bei der die Änderung der Schwingungszahl nach Einschalten des Magnetfeldes mit einer Quarzuhr gemessen wird. GEIST gelang es neuerdings, mit einem Torsionspendel nach der FARADAY-Methode (mit Permanentmagnet) noch Suszeptibilitätsdifferenzen von $3 \cdot 10^{-11}$ nachzuweisen (entsprechend $3 \cdot 10^{15}$ Elektronenspins bei 140 °K).

Mit diesen zuletzt angeführten Anordnungen dürfte die obere Grenze der Empfindlichkeit statischer Suszeptibilitätsmessungen erreicht worden sein. Für die Magnetochemie sind solche Anordnungen normalerweise zu empfindlich, da die präparativen Fehlerquellen

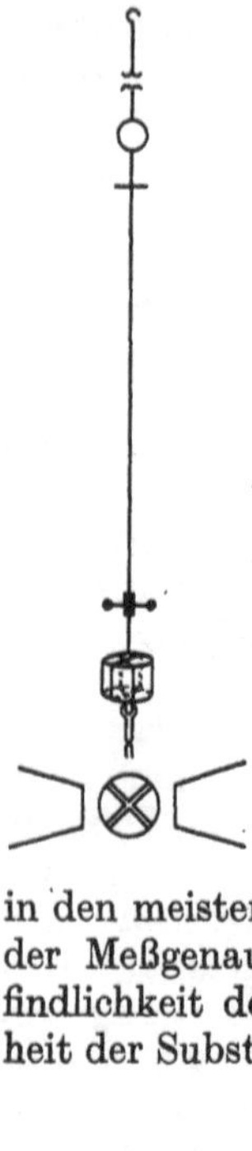

Abb. 27 Anordnung von BITTER zur Messung von Gassuszeptibilitäten (EVANS verwandte das gleiche Prinzip zur Messung von photochemischen Gleichgewichten)

in den meisten Fällen viel zu groß sind. Die Begrenzung der Meßgenauigkeit wird dann nicht durch die Empfindlichkeit der Meßapparatur, sondern durch die Reinheit der Substanzen gegeben.

3.4. *Induktionsmethoden und auf anderen Prinzipien beruhende Meßverfahren*

3.4.1. *Induktionsverfahren*

Diese beruhen auf folgendem Prinzip: Die Probe wird in das Innere der Schwingspule eines Hochfrequenzmeßsenders gebracht, wobei sich durch Änderung der Permeabilität die Induktivität der Spule und damit auch die

Frequenz des Meßsenders ändert. Die Frequenzänderungen werden bestimmt, indem man die beim Überlagern mit einer konstanten etwa gleich großen Frequenz auftretenden Schwebungen mißt.

Zwischen Induktivität L, Frequenz ν, und Suszeptibilität $\varkappa$ bestehen folgende Beziehungen:

$$\frac{dL}{L} = -\frac{2d\nu}{\nu}, \qquad L = L_0(1 + \varkappa)$$

Da $\varkappa$ die Größenordnung 10^{-6} hat, beträgt, falls man mit ca. 1 MHz arbeitet, die Frequenzänderung größenordnungsmäßig 1 Hz. Wenn man auf 0,01 Hz genau messen kann, ergibt sich

$$\varkappa = \frac{\Delta L}{L_0} \approx \frac{d\nu}{\nu_0} \approx 10^{-8}$$

Man kann $\varkappa$ also auf etwa zwei Stellen genau bestimmen.

Eine erste Anlage dieser Art wurde von Schwenkhagen und Gutwill auf Veranlassung von Eugen Müller gebaut. Das Blockschaltbild der Anlage zeigt Abb. 28 (*a* — HF-Meßsender, *b* — Hilfssender). Die Schwebungsfrequenz wird nach Gleichrichtung (*c*) verstärkt (*d*), (*e*) ist eine Siebkette und (*f*) ein Frequenzmesser (Kondensator-Ladestromprinzip). Der Ladestrom wird in einer Kompensationsschaltung (*g*) kompensiert.

Eine von H. Seidel und C. Vogel entwickelte Induktions-Meßapparatur sei im folgenden näher beschrieben. Das Blockschaltbild zeigt Abb. 29. Als Meßspule S wird eine Keramikspule (40 μH) mit eingebrannter Silberwicklung verwendet. Die Ampullen werden in der Spule mittels eines elektrisch abgeschirmten Quarzrohres fixiert. S bildet die Induktivität eines LC-Oszillators, der bei einer Frequenz von 1,87 MHz arbeitet. Zur Erhöhung der Meßgenauigkeit wird auf ca. 9,35 MHz in der Vervielfacherstufe V_1 erhöht und mit einer Fest-

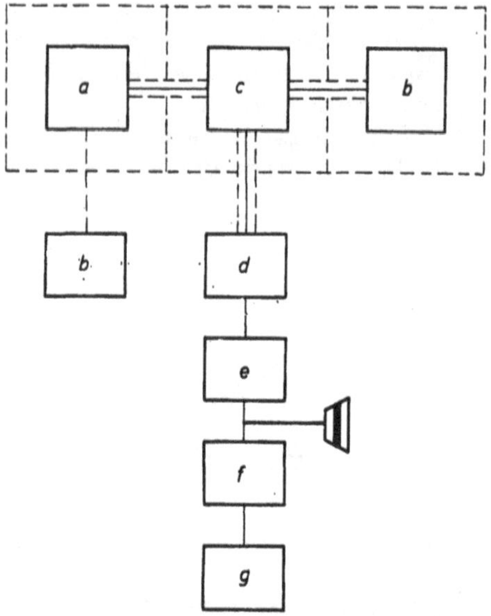

Abb 28 Schaltbild der Induktionsapparatur von SCHWENKHAGEN und GUTWILL

frequenz von 9,35 MHz, die durch Vervielfachen (V_2) der Frequenz von 1,56 MHz eines Quarzoszillators QO erzeugt wird, in der Mischstufe M überlagert. Die Schwebungen werden mit dem elektronischen Zählwerk Z gezählt, das mit einer Schaltuhr U verbunden ist. Gleichzeitig wird die Schwebungsänderung auf den Oszillographen O verfolgt. Die Meßgenauigkeit der Apparatur wird bestimmt durch die Konstanz der Versorgungsspannungen der Oszillatoren, die Temperaturkonstanz der Oszillatoren sowie ihre mechanische Stabilität. Für die Einstellung des Temperaturgleichgewichts ist eine längere Einlaufzeit erforderlich.

Weitere Apparaturen dieser Art wurden z. B. von PACAULT, LEMANCEAU und JOUSSOT-DUBIEN sowie von EFFEMEY, PARSONS und BOCKRIS entwickelt.

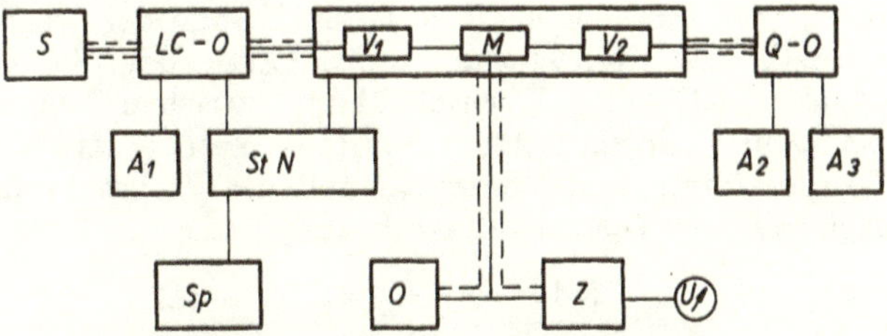

Abb. 29 Induktions-Meßapparatur von SEIDEL und VOGEL
S – Spule des LC-Oszillators; *LC-O* – LC-Oszillator; *Q-O* – Quarzoszillator; *Z* – Zählgerät; *U* – Schaltuhr; *St N* – Stabilisiertes Netzgerät; *Sp* – Spannungskonstanthalter; V_1 – Frequenzvervielfacher des LC-Oszillators; V_2 – Frequenzvervielfacher des Quarzoszillators; *M* – Mischteil; *O* – Oszillograph; A_1 – Heizakku des LC-Oszillators; A_2 – Heizakku des Quarzoszillators; A_3 – Anodenbatterie des Quarzoszillators.

3.4.2. *Suszeptibilitätsmessungen mit Hilfe der Kernresonanz*

Eine sehr neuartige Methode soll, da sie zum Bereich der magnetischen Kernresonanz gehört, hier nur kurz erwähnt werden. Sie wurde insbesondere von H. J. FRIEDRICH im Hinblick auf magnetochemische Untersuchungen entwickelt und ausgebaut.

Bei der Kernresonanz ist die Lage eines Resonanzsignals mit der magnetischen Feldstärke verknüpft, die auf den Kern wirkt. Sie setzt sich aus dem äußeren Magnetfeld H_0 und dem am Kernort durch die Anwesenheit dia- und paramagnetischer Nachbarn induzierten Magnetfeld zusammen. Durch dieses induzierte Feld ergibt sich eine Frequenzverschiebung des Signals, für die unter bestimmten Voraussetzungen folgende Beziehung gilt:

$$\frac{\Delta H}{H} = \frac{2\pi}{3} \Delta \chi,$$

Man geht praktisch so vor, daß man in einem Teil eines zylindrischen Doppelrohres eine Standardlösung allein und im anderen Teil unter Zusatz der Probesubstanz die Kernresonanz mißt. Unter der Voraussetzung, daß keine Wechselwirkung zwischen Bezugslösung und der zugesetzten Substanz besteht, läßt sich die (paramagnetische) Suszeptibilität der Probesubstanz nach folgender Gleichung berechnen:

$$\chi_g = \frac{3\Delta\nu}{2\pi\nu \cdot m} + \chi_{gs} + \frac{\chi_{gs}(\varrho_s - \varrho_L)}{m}$$

Dabei bedeuten ν = Meßfrequenz in Hz, m = Substanzeinwaage in 1 ml Lösung, ϱ_s = Dichte des Lösungsmittels, ϱ_L = Dichte der Lösung, χ_{gs} = Grammsuszeptibilität des Lösungsmittels.

3.4.3. o—p—H_2-Methode zur Bestimmung paramagnetischer Suszeptibilitäten

Bekanntlich besteht zwischen Ortho-H_2 (parallele Kernspins) und Para-H_2 (antiparallele Kernspins) ein temperaturabhängiges Gleichgewicht. Bei 273 °K beträgt das Konzentrationsverhältnis *o*-H_2: *p*-H_2 ca. 3:1. Dieses Gleichgewicht kann gestört werden, wenn gleichzeitig paramagnetische Atome, Ionen oder Moleküle vorhanden sind; die Umwandlungsgeschwindigkeit der Reaktion *p*-$H_2 \rightarrow$ *o*-H_2 ist eine Funktion des magnetischen Momentes der betreffenden Teilchen. Man kann also die *p*-H_2-Umwandlung als eine Meßmethode für paramagnetische Substanzen ausbauen. Hierfür schufen Bonhoeffer und Harteck sowie G. M. Schwab die methodischen Voraussetzungen. Man geht etwa so vor: Chemisch reiner H_2 (Gleichgewichts-H_2) wird durch Adsorption an Kohle mit Hilfe flüssiger Luft in ein Gemisch umgewandelt, das ca. 50% *p*-H_2 enthält. Der Anteil an *p*-H_2 in diesem „*p*-Gemisch" kann mit Hilfe der Wärmeleitfähigkeit zwischen 100 bis 200 °K wegen der in diesem Bereich sehr großen Unterschiede der spezifischen Wärmen von *o*-H_2 und *p*-H_2 bestimmt werden. Nun schüttelt man die zu untersuchende Lösung mit dem p-Gemisch und vergleicht danach die Wärmeleitfähigkeit des „Reaktions-H_2" mit der des Gleichgewichts-H_2. Die Umwandlungsgeschwindigkeit hängt natürlich auch von der Schüttelzeit t ab. Für die Umwandlungskonstante k gilt folgende Beziehung:

$$k = \frac{1}{t} \lg \frac{W_G - W_P}{W_G - W_R}$$

Es bedeuten: W = der bei der angewandten experimentellen Methode mit der Wärmeleitfähigkeit verknüpfte elektrische Widerstand, $W_G = W$ im Gleichgewichts-H_2, $W_P = W$ im p-Gemisch, $W_R = W$ im Reaktions-H_2.

3.4.4. *Verschiedene andere Methoden*

Eine geringere Rolle spielt in der Magnetochemie heute die Steighöhenmethode nach G. QUINCKE. Sie ist nur für flüssige Substanzen (evtl. für Gase) verwendbar, die Genauigkeit ist im Vergleich mit den magnetischen Waagen gering. Sie beruht darauf, daß auf eine in einer Kapillare zwischen den Polschuhen eines Magneten

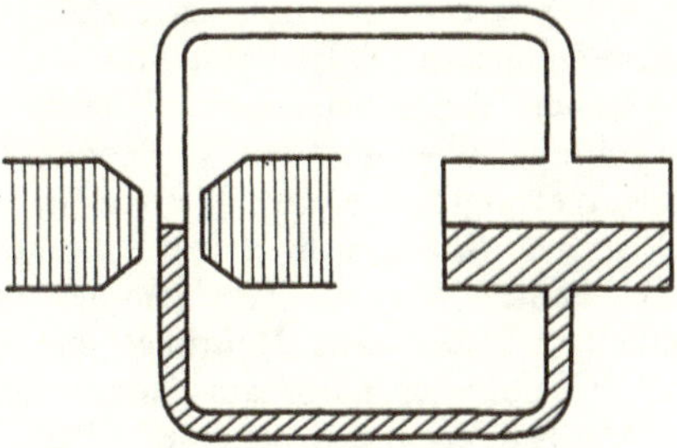

Abb. 30 QUINCKE-Methode (Steighöhen-Methode)

befindlichen Flüssigkeit eine Kraft ausgeübt wird. Man mißt den hydrostatischen Druck, der der Verschiebung der Flüssigkeitssäule entgegenwirkt. Mit der in Abb. 30

dargestellten Apparatur wird erreicht, daß die Verschiebung der Flüssigkeitssäule in der Kapillare ein direktes Maß für die magnetische Suszeptibilität der Flüssigkeit darstellt.

Eine weitere auf einem anderen Prinzip beruhende hydrostatische Methode wurde von GRÜN und HAAS mit Hilfe des Prinzips des CARTESIschen Tauchers entwickelt: Ein mit der zu untersuchenden Lösung gefüllter kleiner Taucher erfährt in einer Flüssigkeit einen bestimmten Auftrieb. Dieser wird durch Zugabe einer paramagnetischen Lösung zu der Flüssigkeit kompensiert.

3.5. Besondere Versuchsbedingungen, Vorbereitung und Auswertung der Messungen

3.5.1. Messung der Temperaturabhängigkeit der Suszeptibilität

Zur Interpretation der Messungen an paramagnetischen Substanzen ist die Kenntnis der Temperaturabhängigkeit der Suszeptibilität eine wichtige Voraussetzung. Das Messen bei höheren Temperaturen ist bis zu etwa 500 °C relativ unproblematisch, z. B. kann man das Meßröhrchen mit einem doppelwandigen Glasrohr umgeben und die Anschlußstutzen mit einem Thermostaten verbinden. Zur Wärmeübertragung können je nach dem Temperaturbereich die verschiedenen üblichen Trägerflüssigkeiten benutzt werden. Zur Temperaturkontrolle wird unmittelbar unter dem Meßröhrchen ein Platin-Widerstandsthermometer eingebaut, dessen Widerstand mit einer Meßbrücke ermittelt wird. Die Wahl der Meßtemperaturintervalle richtet sich nach dem Gang der Temperaturabhängigkeit. Die Einstellung des thermischen Gleichgewichtes muß abgewartet werden. Dieses liegt vor, wenn sich die Suszeptibilität bei konstanter Feldstärke zeitlich nicht mehr ändert. Natürlich müssen auch die thermischen Dichteänderungen berücksichtigt werden. Dazu wird am besten die Höhe der Lösungen im Meßröhrchen in Abhängigkeit von der Temperatur bestimmt (z. B. mit einem Parallelreißer). In den meisten Fällen ergibt sich eine lineare Beziehung zwischen Höhe der Lösung im Röhrchen und Temperatur.

Messungen bei höheren Temperaturen werden am besten mit Hilfe kleiner elektrischer Öfen vorgenommen (z. B. bifilar gewickelte Heizspiralen aus Platindraht). Der Temperaturgradient im Ofen muß möglichst genau gemessen werden. Bei höheren Temperaturen ergeben sich mit doppelwandigen Heizöfen aus Quarzrohr mit Platindrahtwicklung relativ große Temperaturgradienten. Eine Verbesserung ergibt sich z. B. durch Einbettung der Heizwicklungen in Tonmasse. Eine zusätzliche Ummantelung mit einem Kupferrohr ergibt dann auch bei Temperaturen größer > 500 °C relativ kleine Temperaturgradienten. Diese können mit zwei Thermoelementen und einer Kompensationsschaltung bestimmt werden. Die in Abb. 14 erkennbare Heizvorrichtung (in einem geschlossenen Messinggehäuse) ist nach diesem Prinzip konstruiert.

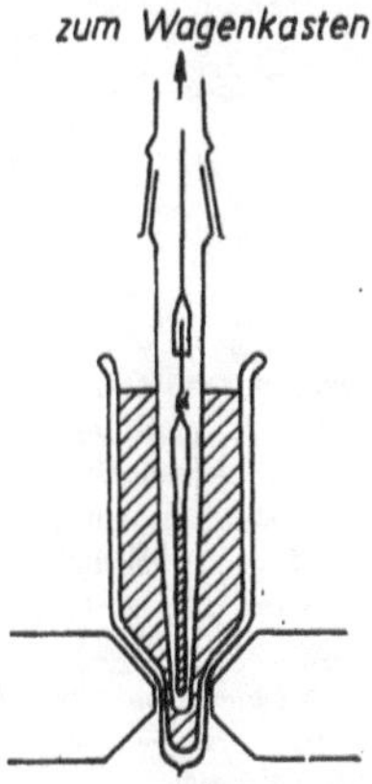

Abb. 31 Einfache Anordnung für Messungen bei tiefen Temperaturen

Eine Anlage mit automatischem Temperaturprogramm wurde bereits beschrieben (s. S. 41).

Für Messungen bei tieferen Temperaturen zeigt Abb. 31 das Prinzip einer einfachsten Anordnung, die für GOUY-Methoden im Temperaturbereich der flüssigen Luft verwandt werden kann. Die experimentellen Schwierigkeiten, die sich beim Arbeiten ohne Vakuum ergeben (Kondensation von Luftfeuchtigkeit usw.), sind erheblich. Auf sie soll deshalb nicht näher eingegangen werden, da sich wirklich brauchbare Tieftemperaturmessungen mit solchen provisorischen Methoden doch nicht durchführen lassen. Es ist anzuraten, den allerdings erheblichen Arbeitsaufwand nicht zu scheuen, den der Bau

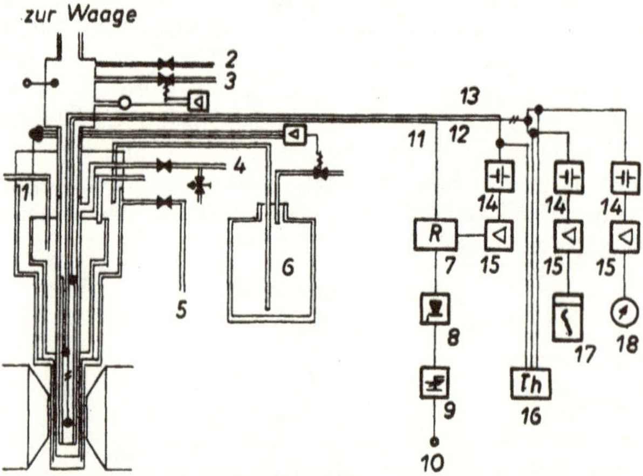

Abb. 32 Meß- und Regeleinrichtung des in Abb. 33 dargestellten Kryostaten
1 – Schwimmer zur Niveauregelung; *2* – Vakuumanschluß; *3* – Heliumgaszuführung mit Abschaltautomatik; *4* – Feinvakuumanschluß; *5* – Hochvakuumanschluß; *6* – Vorratsgefäß für Kühlmittel; *7* – Regler; *8* – Brückengleichrichter mit LC-Siebkette; *9* – Regeltransformator; *10* – Anschluß stabilisierter Wechselstrom; *11* – Heizung; *12* – Regelthermoelement mit Ausgleichsleitung; *13* – Meßthermoelemente mit Ausgleichsleitungen; *14* – Gegenspannungsquellen; *15* – Lichtelektrische Meßverstärker; *16* – Vergleichsstellenthermostat; *17* – Temperaturschreiber; *18* – Temperaturmeßinstrument

Abb. 33 Kryostat nach SCHLÄFER und STAAB

eines leistungsfähigen und regelbaren Vakuum-Kryostaten erfordert. Über die technische Ausführung eines sehr brauchbaren Ganzmetall-Kryostaten unterrichte man sich aus der auf Seite 39 zitierten Arbeit.

Abb. 32 zeigt die Meß- und Regeleinrichtung des in Abb. 33 dargestellten Kryostaten. Dieser wurde so konstruiert, das eine weitgehend homogene Temperaturverteilung über den ganzen Versuchsraum besteht und der Durchmesser des zwischen den Polschuhen befindlichen Teils möglichst klein ist. Es wurde ein Zweikammersystem verwendet. Die äußere Kammer (Vorkühlkammer) dient der thermischen Isolierung des inneren Kühlsystems und wird mit offen siedendem Kühlmittel gefüllt, die innere Kammer (Hauptkühlkammer) ist vakuumdicht abgeschlossen und für das Abpumpen des Kühlmittels und das Einfüllen eines tiefer siedenden verflüssigten Gases (H_2, He) vorgesehen. Zum Bau wurde Messing, Elektrolytkupfer und amagnetischer, rostbeständiger und schlecht wärmeleitender Stahl verwendet. Zur Temperaturmessung ist ein Großmeßkreis (auf $\pm$ 2,0 °C ablesbar) und ein Feinmeßkreis (auf 0,01 °C ablesbar) vorhanden. Die Temperatur wird über zwei Regelkreise eingeregelt:

a) Grobregelung durch Verändern des Druckes in dem das Versuchsrohr umschließenden Vakuummantel.
b) Feinregelung durch Zuführung von definierter Wärmeenergie mittels einer auf dem den Versuchsraum umgebenden dickwandigen Kupferrohr aufgebrachten Heizwicklung.

Die Temperatur der Meßprobe wird durch Miniaturthermoelemente gemessen, deren fast punktförmige Lötstellen in unmittelbarer Nähe der Probe angeordnet sind.

3.5.2. Ferromagnetische Verunreinigungen, Feldstärkeabhängigkeit

Ferromagnetische Verunreinigungen stören schon bei geringsten Konzentrationen. Sie geben sich dadurch zu erkennen, daß die Suszeptibilität der Probe feldstärkeabhängig ist. Bekanntlich ist der Ferromagnetismus im Gegensatz zum Dia- und Paramagnetismus in bestimmten Feldstärkebereichen feldstärkeabhängig. Mit Hilfe der Feldstärkeabhängigkeit kann man den Fehler, der sich durch ferromagnetische Anteile ergibt, in gewissen Grenzen korrigieren. Man trägt die gemessenen Suszeptibilitätswerte gegen H^{-1} auf und verlängert die meist geraden Linien bis zum Schnittpunkt mit der Ordinatenachse, extrapoliert also auf die Feldstärke $H = \infty$. In Abb. 34 sind solche Extrapolationen für Substanzen mit verschiedenen Anteilen ferromagnetischer Verunreinigungen dargestellt. Auf die Unsicherheit dieses Verfahrens hat vor allem KNAPPWOST hingewiesen. Er zeigte, daß bei der Zylindermethode, die zwischen H_{max} und H_0 gemessene integrale Suszeptibilität nicht genau umgekehrt proportional der Feldstärke ist, falls ferromagnetisch verunreinigte paramagnetische Stoffe vorhanden sind. Es ergeben sich bei der eben beschriebenen Extrapolation zu hohe Suszeptibilitätswerte. Derselbe Autor schlug ein als Felddifferenzmethode bezeichnetes Korrekturverfahren vor, das auf der Verwendung geformter Polschuhe (s. Abb. 35) mit zwei verschiedenen homogenen Feldstärkebereichen (H_{max} und H_z) beruht.

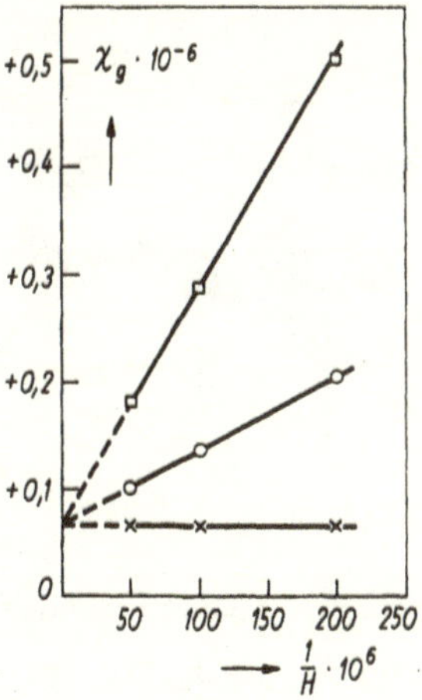

Abb. 34 χ-Extrapolation zur Eliminierung ferromagnetischer Anteile

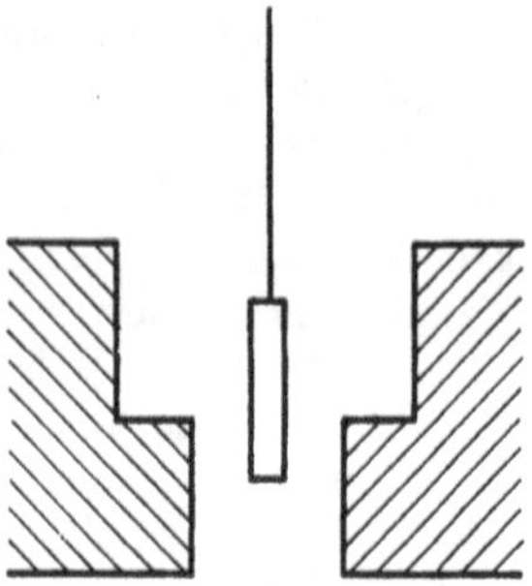

Abb. 35 Polschuhformen für das Felddifferenzenverfahren nach KNAPPWOST

Um alle ferromagnetischen Anteile bis zur Sättigung zu magnetisieren, dimensioniere man so, daß $H_z >$ ca. 7 kG. Für diese Sättigung gilt dann (K = Kraftwirkung)

$$K_{\text{ferro}} = I_0 \cdot q_{(\text{„ferro"})} (H_{\max} - H_z)$$

Zusammen mit dem paramagnetischen Anteil (χ_P, q_p) gilt dann $(q_p \approx q)$ für $\chi_{\text{gesamt}} \equiv \chi_M$

$$K_{\text{gesamt}} = \frac{1}{2} \chi_M q (H_{\max}^2 - H_z^2)$$

$$= \frac{1}{2} \chi_p q (H_{\max}^2 - H_z^2) + I_0 \, q_{\text{ferro}} (H_{\max} - H_z)$$

Man multipliziert diese Gleichung mit

$\dfrac{2}{q(H_{\max}^2 - H_z^2)}$ und erhält

$$\chi_v = \chi_p + \frac{2 I_0 \, q_{\text{ferro}} (H_{\max} - H_z)}{q (H_{\max}^2 - H_z^2)}$$

$$= \chi_p + \frac{2 I_0 \, q_{\text{ferro}}}{q} - \frac{1}{H_{\max} + H_z}$$

Extrapolation gegen $H \to \infty$ ergibt für $\chi_v = f\left(\dfrac{1}{H_{\max} + H_z}\right)$ einen zuverlässigen Wert.

3.5.3. Vorbereitung der Messungen, Fehlerquellen, Eichung

Die Messung pulverförmiger Festkörper erfordert eine sorgfältige Vorbereitung, da die Inhomogenität der Pakkungsdichte eine beträchtliche Fehlerquelle darstellen kann. Eine relativ einfache Methode zur Erzielung einer möglichst gradientenfreien Packungsdichte besteht darin, daß man immer nur auf einige Millimeter Substanzhöhe einfüllt und die möglichst feinstpulvrige Substanz (Kugelmühle, aber Vorsicht vor ferromagnetischen Verunreinigungen!) feststampft. Eine weitere Methode benutzt homogene Suspensionen der Pulver in organischen Flüssigkeiten (Benzol oder CCl_4), die zentrifugiert werden.

Vor dem Einfahren einer magnetischen Meßvorrichtung, die nach der Zylindermethode arbeitet, muß festgestellt werden, welche Röhrchenhöhe mindestens er-

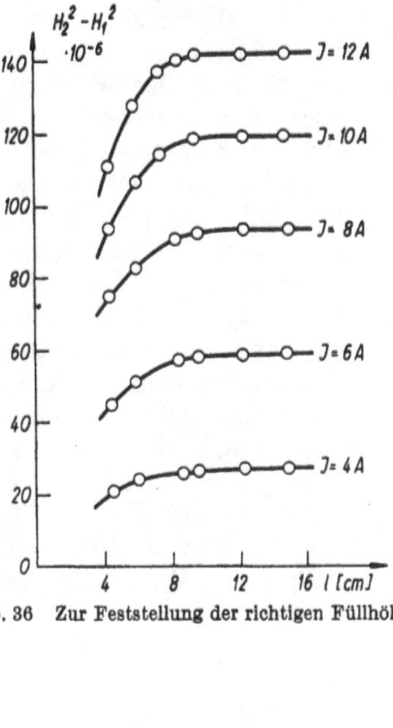

Abb. 36 Zur Feststellung der richtigen Füllhöhe

forderlich ist, damit der eine Teil des Röhrchens in den feldfreien Raum ragt, d. h. eine Vergrößerung der Länge auf die Kraftwirkung im Felde ohne Einfluß ist. Dazu kann ein Röhrchen mit $NiCl_2$-Lösungen verschiedener Konzentrationen in verschiedenen Höhen aufgefüllt werden, um dann die Gewichtsänderung bei verschiedenen Magnetfeldern zu bestimmen. Abb. 36 gibt ein Beispiel für die Abhängigkeit von der Stromstärke und von der Füllhöhe im Meßröhrchen.

Magnetische Untersuchungen sind unabdingbar mit der Anwendung moderner Reinigungsverfahren und Reinigungskontrollen verknüpft. Bei diamagnetischen Strukturuntersuchungen wird meistens nicht durch die Genauigkeit der magnetischen Meßmethode die Fehlergrenze limitiert, sondern durch die Reinheit der Substanz. Man kann heute Diamagnetismusmessungen so genau durchführen, daß umgekehrt der Diamagnetismus als Reinheitskontrolle benutzt werden kann.

Von den wichtigsten Reinigungsoperationen bei Feststoffen sei vor allem auf das Zonenschmelzen und auf chromatographische Verfahren hingewiesen. In vielen Fällen kann der Verlauf der Reinigungsoperationen durch Kombination von thermischen Schmelzpunkts-Analysen, Diamagnetismusmessungen und spektroskopischen Untersuchungen verfolgt werden. Häufig dient die Tatsache, daß von einem bestimmten Stadium einer Reinigungsoperation an die diamagnetische Suszeptibilität konstant bleibt, als Reinheitskriterium. Bei Flüssigkeiten, z. B. H_2O und organischen Lösungsmitteln, vor allem wenn sie als Eichsubstanz verwendet werden, ist die Entfernung von gelöstem O_2 zu fordern. Andernfalls sollten als Eichflüssigkeiten nur luftgesättigte organische Flüssigkeiten benutzt werden. Nach Juulman liegen die χ_g-Werte der bei 20 °C und 760 Torr gesättigten Flüssigkeiten bei H_2O um $1,0 \pm 0,1‰$, bei Benzol um $7,6 \pm 0,2‰$ und bei Nitrobenzol um $5,20 \pm \pm 0,02‰$ unterhalb der χ_g-Werte der gasfreien Flüssigkeiten.

Im folgenden sind einige Literaturwerte für verschiedene Eichsubstanzen angegeben:

a) H_2O, $\chi_{25\,°C} = -0721 \cdot 10^{-6}$, $\frac{\partial \chi}{\partial T} \approx 0{,}12\%$ pro ° bei 20°C

b) Pt, $\chi_{20\,°C} = +0{,}971 \cdot 10^{-6}$

c) $Hg[Co(CNS)_4]$ $\chi_{20\,°C} = +16{,}44 \cdot 10^{-6}$, eignet sich besonders für Messungen im stärker paramagnetischen Bereich.

d) $(NH_4)_2Fe(SO_4)_2 \cdot 6H_2O$ $\chi_{20\,°C} = +32{,}3 \cdot 10^{-6}$, für stark paramagnetische Substanzen. Nur frisch hergestellte Substanzen benutzen!

e) Lösungen von Nickelsalzen, insbesondere $NiCl_2$ bzw. $NiSO_4$: Diese stellen den am meisten gebrauchten Standard für Messungen an Lösungen paramagnetischer Salze dar. Sehr wichtig ist die Zuverlässigkeit der angewandten Nickelbestimmung (z. B. elektrogravimetrisch).

Das für Eichlösungen zu verwendende Wasser sollte zweifach destilliert werden (möglichst unter Einleiten von Stickstoff) und in mehrfach evakuierten und mit Stickstoff gespülten Quarzröhrchen abgefüllt werden. Die Suszeptibilitäten der Lösungen erhält man nach der WIEDEMANNschen Mischungsregel:

$$\chi_{g\,\text{Lösung}} = \frac{1}{100}\left(c \cdot \chi_{g\,NiCl_2} + [100 - p]\,\chi_{g\,H_2O}\right)$$

c = Konzentration der $NiCl_2$-Lösung, die so genau wie möglich bekannt sein soll.

Den Wert von $\chi_{g\,NiCl_2}$ berechnet man nach NETTLETON und SUGDEN mit Hilfe der Beziehung

$$\chi_{g\,NiCl_2} = \frac{10030}{T}$$

Nachstehende Tabelle gibt die Suszeptibilitäten einiger Eichlösungen bei Zimmertemperatur an:

% $NiCl_2$	$\chi_g \cdot 10^{-6}$
10,01	2,778
15,66	4,753
18,62	5,788
23,27	7,413
29,68	9,657

Die Messungen werden meist auf folgende Weise durchgeführt:

a) orientierende Messung, um die Größe von χ_g abzuschätzen
b) Eichung, d. h. indirekte Bestimmung der Feldstärke
c) Messung der Substanzen.

Werden Lösungen untersucht, wird wiederum die WIEDEMANNsche Mischungsregel angewandt, deren Gültigkeit natürlich in dem betreffenden Fall gesichert sein muß. Für die Auswertung z. B. von Messungen an paramagnetischen Salzen in Lösung ist schließlich noch die Diamagnetismuskorrektor erforderlich (s. S. 96).

4. Theoretische Grundlagen

4.1. Atomistische Modellvorstellungen zum Dia- und Paramagnetismus

4.1.1. Paramagnetismus

Da sich der Begriff des BOHRschen Magnetons — der Grundbegriff des atomaren Paramagnetismus — vom BOHRschen Atommodell ableitet, sei dieses klassische magnetische Modell kurz angedeutet: Im Grundzustand des H-Atoms durchläuft das Elektron mit der Winkelgeschwindigkeit ω eine Kreisbahn vom Radius r und besitzt infolgedessen den Drehimpuls

$$M = mr^2\omega = \hbar$$

Dieses kreisende Elektron bewirkt ein magnetisches Moment $\mu = i \cdot F = \frac{e}{c} \cdot \nu \cdot \pi r^2$, also

$$\mu = \frac{e}{c}\, r^2 \frac{\omega}{2} = \frac{e}{2mc}\, \hbar .$$

e = Elektronenladung, c = Lichtgeschwindigkeit, m = Elektronenmasse, $\frac{e}{c}$ = Elektronenladung in elektromagnet. Maßsystem.

Diese Größe dient als atomare Einheit des magnetischen Moments. Sie wird BOHRsches Magneton genannt.

Das BOHRsche Modell kann jedoch den Zusammenhang zwischen Drehimpuls und magnetischem Moment von Atomen nicht richtig wiedergeben. Dies gelingt nur der Quantenmechanik. Sie zeigt z. B., warum ein H-Atom im s-Grundzustand nicht, wie im obigen Modell, den Drehimpuls $\hbar$ hat, sondern den Drehimpuls 0. Die Ableitung sei kurz angedeutet: In der klassischen Mechanik sind die drei Komponenten des Drehimpulses eines Teilchens in den drei Raumrichtungen ($p = mv$ = Impuls):

$$M_x = y p_z - z p_y, \; M_y = z p_x - x p_z, \; M_z = x p_y - y p_x$$

In der Quantenmechanik müssen wir den Impuls p durch den Ausdruck $\frac{\hbar}{i} \frac{\partial}{\partial q}$ ersetzen (q = Koordinate). Wir erhalten dann den Drehimpuls eines Elektrons mit einer bestimmten ψ-Funktion, wenn wir diesen Operator auf die ψ-Funktion wirken lassen. So finden wir z. B. für eine s-Funktion $\psi = \psi(r)$:

$$M_z = \frac{\hbar}{i}\left(x \frac{\partial \psi}{\partial y} - y \frac{\partial \psi}{\partial x}\right) = \frac{\hbar}{i}\left(x \frac{\partial \psi}{\partial r}\frac{y}{r} - y \frac{\partial \psi}{\partial r}\frac{x}{r}\right) = 0$$

(analog M_x, M_y)

Wir erhalten also tatsächlich den Drehimpuls 0. Eine entsprechende Berechnung für Elektronen mit nichtkugelsymmetrischer Aufenthaltswahrscheinlichkeitsverteilung (z. B. p-Elektronen) ergibt ein merkwürdiges Resultat. Nur eine Drehimpulskomponente hat einen oder mehrere feste Werte, die beiden anderen Komponenten sind immer unbestimmt. Bei p-Funktionen besitzt die feste Drehimpulskomponente folgende Werte:

$$+\hbar, 0, -\hbar$$

In der Quantenmechanik gilt nun weiterhin die oben abgeleitete klassische Beziehung zwischen magnetischem Moment und Drehimpuls eines Elektrons, falls eine

Raumrichtung (z. B. z) durch ein äußeres Feld ausgezeichnet ist:

$$\mu_z = \frac{e}{2mc} M_z$$

In einem Magnetfeld der Stärke H nimmt das Elektron eine zusätzliche Energie auf, für die gilt:

$$\Delta E = \mu H = \frac{e}{2mc} M_z H$$

Ein angeregter p-Zustand eines Wasserstoffatoms würde in einem Magnetfeld dreifach aufspalten:

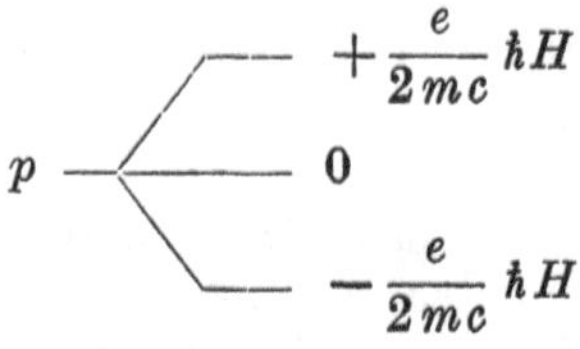

Dies ist der für die Magnetochemie, insbesondere für die modernen Methoden der Elektronenresonanzspektroskopie sehr wichtige ZEEMAN-Effekt.

Die Quantenmechanik zeigt weiterhin, daß d-Zustände im Magnetfeld fünffach aufspalten. Die Werte der festen Drehimpulskomponente sind

$$2\hbar,\ \hbar,\ 0,\ -\hbar,\ -2\hbar$$

Ist keine Raumrichtung durch ein äußeres Feld ausgezeichnet, liefert die Quantenmechanik folgende Zusammenhänge zwischen Drehimpuls, magnetischem Moment und Bahnquantenzahl l:

(l für s-Zustände $= 0$, für p-Zustände $= 1$, für d-Zustände $= 2$ usw.)

$$M_l = \sqrt{l(l+1)}\ \hbar, \qquad \mu_l = \sqrt{l(l+1)}\ \mu_B$$

Nun zeigt bekanntlich der STERN-GERLACH-Versuch an Wasserstoffatomen und einwertigen Metallatomen, daß auch s-Zustände eine magnetische Aufspaltung zeigen. Dies ist die Wirkung des Spin-Drehimpulses. Die Zusammenhänge zwischen magnetischem Moment, Spin-Drehimpuls und Spin-Quantenzahl ($s = 1/2$) wird durch folgende Beziehung angegeben:

$$M_s = \sqrt{s\,(s+1)}\,\hbar, \qquad \mu_s = 2\sqrt{s\,(s+1)}\,\mu_B$$

$$M_{s_z} = \pm\,\frac{1}{2}\,\hbar, \qquad \mu_{s_z} = \pm\,1\mu_B$$

Besonders hervorzuheben ist der Faktor 2 bei μ_s. Aus diesem Unterschied von Bahn- und Spin-Impulsmomenten (magnetomechanische Anomalie des Spins) ergeben sich relativ komplizierte Verhältnisse, wenn Bahn- und Spin-Momente zugleich auftreten. Das Verhältnis

$$\frac{\mu}{M} \equiv g$$

wird LANDÉscher Aufspaltungsfaktor genannt. Für Bahnmomente ist also $g = 1$, für Spin-Momente $g = 2$.

Das Gesamtmoment eines Atoms wird bei normaler Kopplung aus dem Gesamt-Spin-Moment und dem Gesamtbahnmoment vektoriell zusammengesetzt: Für das magnetische Gesamtmoment gilt dann

$$\vec{J} = \vec{L} + \vec{S}, \qquad \mu_z = g\sqrt{J\,(J+1)}\,\mu_B.$$

Hier ist jedoch g nicht mehr eindeutig bestimmt und hängt davon ab, wie sich das Gesamtmoment vektoriell aus Bahn- und Spinmoment zusammensetzt. LANDÉ leitete den Ausdruck

$$g = 1 + \frac{J(J+1) + S(S+1) - L(L+1)}{2J(J+1)}$$

ab. g kann also auch beliebige Werte unterhalb 1, zwischen 1 und 2 und oberhalb 2 annehmen.

Die Richtungsquantelung des Gesamtmomentes durch ein äußeres Magnetfeld in z-Richtung wird durch eine magnetische Quantenzahl m_J angegeben: Sie kann ganz- oder halbzahlige Werte annehmen:

$$-J \leqq m_J \leqq +J$$

Die z-Komponenten des magnetischen Momentes betragen dann

$$(\mu_J)_z = g \cdot m_J \cdot \mu_B$$

Der g-Faktor kann heute mit Hilfe der Elektronenspinresonanz sehr genau bestimmt werden. Für die theoretische Auswertung magnetischer Methoden ist es deshalb besonders günstig, wenn sowohl klassische magnetochemische Methoden (Suszeptibilitätsmessungen) als auch moderne Resonanzmethoden herangezogen werden.

4.1.2. Diamagnetismus

Der Diamagnetismus läßt sich im Rahmen der klassischen Physik wie folgt verstehen (s. Abb. 37): Wir benutzen das schon oben eingeführte Modell von Elektronenkreisbahnen um einen Atomkern und betrachten den Fall, daß der resultierende Bahnimpuls der Elektronen gleich 0 ist, also ein s-Zustand vorliegt. In diesem Modell kann man sich das so vorstellen, daß z. B. bei zwei Elektronen zwei gleiche Bahnen in entgegengesetztem Sinn durchlaufen werden. Wie LARMOR gezeigt hat, führen die Elektronen, wenn man ein solches Modellatom in ein magnetisches Feld bringt, eine zusätzliche Präzessionsbewegung durch, deren magnetisches Moment dem äußeren Feld entgegengerichtet ist: Ein Rotator mit dem Drehimpuls $\mathfrak{p}_r$ besitze ein senkrecht auf seiner Achse stehendes Drehmoment $\mathfrak{M}$. Die Drehimpulsachse weicht mit der Winkelgeschwindigkeit $\frac{d\alpha}{dt}$ aus, wobei α in der durch die Rotatorachse und die Achse des Drehmoments aufgespannten Ebene liegt. Es gilt dann (s. Abb. 37):

$$\frac{d\alpha}{dt} = \frac{\mathfrak{M}}{\mathfrak{p}_r}$$

Bezeichnen wir den Öffnungswinkel des Präzessionskegels mit ϑ, so beträgt die Umlaufgeschwindigkeit der Präzession:

$$\dot{w}_p = \frac{d\alpha}{dt} \cdot \frac{1}{\cos \vartheta}$$

Das Drehmoment wird in unserem Fall durch die Einwirkung des Magnetfeldes $\mathfrak{H}$ auf das magnetische Moment μ des Rotators erzeugt. Es gilt:

$$\mathfrak{M} = \mu \cdot \mathfrak{H} \cdot \cos \vartheta \quad \text{und} \quad \dot{w}_p = \frac{\mu}{\mathfrak{p}_r} \cdot \mathfrak{H}.$$

Für μ und $\mathfrak{p}_r$ erhalten wir:

$$\mu = i \cdot F = \frac{e}{c} \nu_\omega F$$

(ν_ω = Umlauffrequenz, F = Fläche der Bahnkurve)

$$\mathfrak{p}_r = \dot{\omega}_p \Theta = 2\pi \nu_\omega m r^2 = 2 \nu_\omega m F$$

(Θ = Trägheitsmoment). Schließlich ergibt sich

$$\dot{w}_p = -\frac{e}{2mc} \mathfrak{H}$$

Die Präzessionsgeschwindigkeit ist also unabhängig von Bahngeschwindigkeit und -neigung. Für den Grenzfall, daß Bahnebene und Feldrichtung senkrecht aufeinanderstehen, ist $\dot{w}_p$ die zusätzliche Bahngeschwindigkeit. Mit Hilfe der angegebenen Beziehungen können wir das durch die Präzession induzierte magnetische Moment berechnen, wenn wir berücksichtigen, daß als

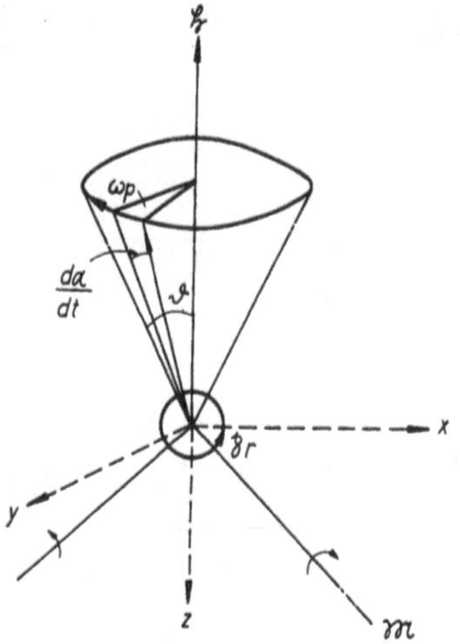

Abb. 37 Zur Ableitung des Diamagnetismus

wirksame Fläche die Projektion der Fläche der Bahnkurve auf der x, y-Ebene erscheint. Wir erhalten:

$$\mu_i = \frac{\dot{\omega}_p}{2\pi c}\, e(x^2 + y^2) = -\frac{e^2 \mathfrak{H}}{4mc^2}(x^2 + y^2)$$

($\mathfrak{H}$ = Bahnebene; x, y = Koordinaten der Bahnprojektion auf die $x - y$-Ebene). Das durch die LARMOR-Präzession verursachte magnetische Moment ist also dem äußeren Feld entgegengerichtet und außer von $\mathfrak{H}$ und universellen Konstanten nur abhängig vom Durchmesser unserer Modell-Elektronenbahn.

Verallgemeinern wir unsere Vorstellungen für ein Mehrelektronensystem, so ergibt sich unter Voraussetzung, daß den Größen x^2, y^2, z^2 im Mittel der gleiche Wert zukommt:

$$\frac{\overline{x}^2 + \overline{y}^2}{\overline{x}^2 + \overline{y}^2 + \overline{z}^2} = \frac{\overline{x}^2 + \overline{y}^2}{\overline{r}^2} = \frac{2}{3}$$

Schließlich erhalten wir für die Molsuszeptibilität

$$\chi_M = N_L \cdot \frac{\mu_i}{\mathfrak{H}} = \frac{e^2 N_L}{6 m c^2} \sum_{i=1}^{z} \overline{r_c^2}$$

($\overline{r_c^2}$ ist das mittlere Abstandsquadrat des i-Elektrons vom Atomkern).

Bei unserer Ableitung ist es natürlich gleichgültig, ob r bestimmte oder beliebige Werte annehmen kann. Wenn man jedoch mit Hilfe der BOLTZMANN-Statistik die makroskopische diamagnetische Magnetisierung mit diesem Modell berechnet, kommt man zu dem Ergebnis, daß r nur bestimmte diskrete Werte annehmen darf. Es konnte bereits 1919 von van LEEUVEN gezeigt werden, daß anderenfalls überhaupt keine Magnetisierung auftreten würde. Somit beruhen letzten Endes alle magnetischen Erscheinungen auf der Tatsache stationärer Atomzustände. Infolgedessen ist auch das Phänomen des Magnetismus genauso wie das Phänomen der chemischen Bindung nur auf quantenmechanischer Grundlage wirklich zu verstehen. Unsere Modellvorstellungen, die ja der klassischen Betrachtungsweise angehören und die Ergebnisse der Quantenmechanik (diskrete stationäre Atomzustände) ad hoc einführen, haben sich jedoch über längere Zeit als recht nützlich erwiesen. Eine der Hauptstützen für das Modell von LANGEVIN und LARMOR war z. B. die Tatsache, daß die auf Grund der letzten Gleichung mit Hilfe experimentell ermittelter Suszeptibilitäten berechneten Werte für r gut übereinstimmen mit den mit Hilfe anderer Methoden ermittelten Atomdimensionen. Später ergab sich jedoch, daß unsere Modellvorstellungen in anderer Hinsicht der Erfahrung widersprechen. Sie erklären z. B. nicht, daß es neben den bisher betrachteten Erscheinungen des temperaturunabhängigen Paramagnetismus und des temperaturunabhängigen Diamagnetismus noch einen temperaturabhängigen Paramagnetismus gibt. Auf diese Erscheinung werden wir in Kap. 6. noch näher eingehen.

4.2. Modellvorstellungen zur makroskopischen Magnetisierung para- und ferromagnetischer Stoffe

Wir beschäftigen uns nun mit der theoretischen Begründung des Curieschen Gesetzes (Langevin 1905):

$$\chi = \frac{C}{T}$$

Es ist jedoch noch die Tatsache zu berücksichtigen, daß in den meisten Fällen nach Weiss dieses Gesetz durch eine Korrektur zu ergänzen ist:

$$\chi = \frac{C}{T - \Theta}$$

Wir betrachten ein atomistisches Elementarmagnetchen, dessen magnetisches Moment zur Richtung des äußeren Magnetfeldes H den Winkel α bildet. Es besitzt dann die potentielle Energie (s. S. 16)

$$E = -\mu H \cos \alpha$$

Es ist zu beachten, daß diese Beziehung nur gilt, wenn μ nicht von H abhängt (wie es beim Paramagnetismus der Fall ist). Ist μ eine Funktion von H (wie beim Diamagnetismus), müssen wir zur differentiellen Form übergehen (s. S. 82). Langevin behandelte nun mit Hilfe der Boltzmann-Statistik die makroskopische Verteilung der Elementarmagnetchen im thermischen Gleichgewicht. Diese Verteilung kann durch den Mittelwert $\overline{M} = \mu \overline{\cos \alpha}$ der zum Feld parallel gerichteten Komponenten gekennzeichnet werden. Wie hier nicht näher ausgeführt sei, erhält man dieses mittlere Moment als eine charakteristische Funktion der drei Variablen μ, H und T. Man nennt diese Funktion Langevin-Funktion. Sie hat folgende Gestalt

$$L_\infty = \frac{e^x + e^{-x}}{e^x - e^{-x}} - \frac{1}{x}. \qquad \left(x = \frac{\mu H}{kT}\right)$$

Mit ihr ergibt sich:

$$\overline{M} = \overline{\cos \alpha} \cdot \mu = L_\infty \cdot \mu$$

In Abb. 38 ist diese Funktion dargestellt. Wir sehen: Sie steigt erst mit endlicher Neigung monoton an und verläuft dann asymptotisch zum Sättigungswert 1 für $x = \infty$. Den uns interessierenden konstanten Anstieg für $x < 1$, (also für hohe Temperaturen bzw. kleine Feldstärken) erhalten wir durch eine Reihenentwicklung (näheres s. in den Lehrbüchern der statistischen Mechanik):

$$L_\infty = \frac{1}{3} x$$

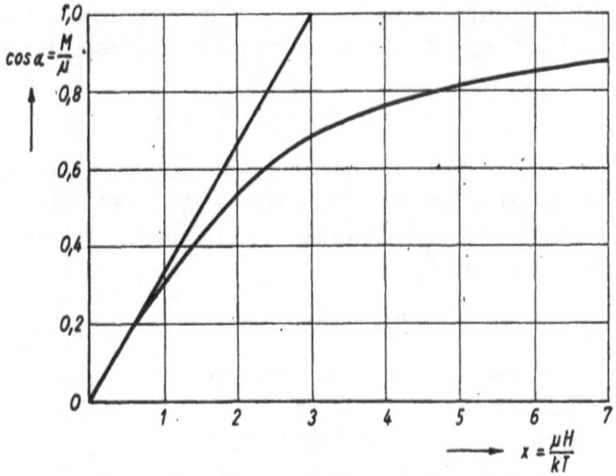

Abb. 38 LANGEVIN-Funktion

Für ein Mol Elementarmagnetchen folgt in diesem Bereich:

$$\chi_M = N_L \cdot \frac{\overline{M}}{H} = \frac{N_L \cdot \mu^2}{3kT}$$

Wir erhalten also mit der Gaskonstante $R = k \cdot N_L$ eine Beziehung zwischen CURIE-Konstante und magnetischem Moment der Elementarmagnetchen:

$$\sqrt{3RC} = N_L \cdot \mu$$

Für klassische Elementarmagnetchen ist diese Ableitung durchaus exakt, für quantenmechanische Objekte (Atome, Ionen, Moleküle) jedoch nicht. Wir haben ja gesehen (Seite 67), daß deren magnetische Momente nicht jeden beliebigen Winkel α mit der Feldrichtung bilden können. So sind z. B., falls unsere Systeme mit einer Gesamtimpulsquantenzahl J gekennzeichnet werden können, nur diejenigen Einstellungen möglich, für die $M_J = J \cos \alpha$ ganz- oder halbzahlig ist, je nachdem, ob J ganz- oder halbzahlig ist ($2J + 1$ Möglichkeiten). Wir müssen weiterhin beachten, daß im Zustand kleinster Energie der Vektor des magnetischen Moments

$$\mu_J = g\sqrt{J(J+1)}\,\mu_B$$

einen Präzessionskegel um die Feldrichtung z beschreibt. Zur makroskopischen Magnetisierung trägt also nur die zeitlich unveränderliche Komponente dieses Zustandes bei (s. S. 70):

$$\mu_{Jz} = g \cdot J \cdot \mu_B .$$

Wir müssen also in die LANGEVIN-Funktion für μ diesen Ausdruck einsetzen.

Die statistische Behandlung ergibt auf Grund dieser quantenmechanischen Gegebenheiten je nach dem Wert von J verschiedene LANGEVIN-Funktionen. So ist für $J = 1/2$:

$$L_{1/2} = \frac{e^x - e^{-x}}{e^x + e^{-x}}$$

Die klassische statistische Ableitung (kontinuierliche Richtungsverteilung) entspricht dem Fall $J = \infty$.

Wir berechnen wieder für $x \ll 1$ die CURIE-Konstante und setzen gleichmäßige Verteilung über alle erlaubten Einstellungen für $H = 0$ voraus:

$$\overline{\cos^2 \alpha} = \sum_{m_J = -J}^{+J} \frac{m_J^2}{J^2(2J+1)} = \frac{J(J+1)}{3J^2}$$

Damit erhalten wir endgültig:

$$C = \frac{N_L \mu_J^2}{3k} \cdot \frac{J(J+1)}{J^2} = \frac{N_L}{3k} g^2 J(J+1) \mu_B^2$$

Wir sehen also, daß die CURIE-Konstante von zwei Größen J und g abhängig ist. Um aus magnetischen Messungen eine dieser Größen ermitteln zu können, benötigt man auch die andere Größe. Steht diese Kenntnis nicht zur Verfügung, so definiert man ein sogenanntes „effektives" Moment μ_{eff}:

$$N_L \mu_{\text{eff}} = \sqrt{3RC} = N_L g \sqrt{J(J+1)}\, \mu_B$$

Für den Fall, daß diese Definition auch die wirklichen Verhältnisse richtig wiedergibt, gilt also:

$$\frac{\mu_{\text{eff}}}{\mu_B} = g \sqrt{J(J+1)}$$

Es hat sich herausgestellt, daß für bestimmte paramagnetische Ionen (z. B. seltene Erden) die an Hand dieser Beziehungen aus magnetischen Messungen ermittelten Quantenzahlen tatsächlich mit der Theorie des periodischen Systems ausgezeichnet übereinstimmen. Andererseits zeigte sich, daß für viele Schwermetallionen diese Übereinstimmung nicht gilt. Über diese, die praktische Magnetochemie weitgehend beherrschende Tatsache finden wir alles Nähere im Kap. 7.

Wir wollen nun weitere besonders überzeugende Argumente für die LANGEVINsche Theorie anführen. Diese ergeben sich im besonderen aus den Sättigungserscheinungen und aus der Möglichkeit, die Theorie des Ferromagnetismus an die LANGEVINsche Theorie anzuschließen. Wir haben gesehen, daß Sättigungserscheinungen bei tiefen Temperaturen und hohen Feldstärken also bei

$$\frac{\mu H}{kT} \gg 1$$

auftreten sollten. Bekanntlich konnten Sättigungseffekte bei der Temperatur des flüssigen Heliums durch KAMERLINGH-ONNES an Gadoliniumsulfat experimentell nachgewiesen werden.

Zur Modellvorstellung, mit deren Hilfe WEISS den Ferromagnetismus im Anschluß an die LANGEVINsche Theorie erklären konnte: WEISS nahm an, daß im Innern der Ferromagnetischen Stoffe außer dem äußeren Feld noch eine zur ursprünglichen Magnetisierung proportionale Richtkraft wirkt. Wir wissen heute, daß diese Richtkraft tatsächlich existiert, sie ist jedoch mit den klassischen Vorstellungen des Magnetismus nicht erklärbar und stellt ein ausgesprochen quantenmechanisches Phänomen dar. Über ihre Ursache, die sogenannte „Austauschwechselwirkung" wird in Kap. 8. noch einiges gesagt werden. Wir charakterisieren diese Richtkraft rein formal mit einer hypothetischen magnetischen Feldstärke $\varepsilon \cdot I$. ε wird „WEISSsche Molekularfeldkonstante" genannt. Damit ergibt sich für die LANGEVIN-Funktion folgende Komplikation:

Der Ausdruck

$$x = \frac{\mu(H + \varepsilon I)}{kT}$$

stellt jetzt keine unabhängige Variable mehr dar, sondern hängt selbst wieder von der LANGEVIN-Funktion ab (da $I = u_a \cdot \overline{M}$):

$$x = \frac{\mu H}{kT} + \frac{\overline{M}}{\mu} \frac{\mu^2 \cdot \varepsilon \cdot u_a}{kT}, \text{ also:}$$

$$\overline{\cos \alpha} = x \frac{kT}{\varepsilon n_a \mu^2} - \frac{H}{\varepsilon n_a \mu}$$

Der Orientierungsgrad cos α der Elementarmagnetchen ist nunmehr durch zwei Beziehungen bestimmt, die beide gleichzeitig erfüllt sein müssen: Die LANGEVIN-Funktion und die soeben abgeleitete Funktion.

In Abb. 39 sind beide Funktionen dargestellt. Unsere Bedingung wird also in den Schnittpunkten der LANGEVIN-Kurve mit den sich aus der zweiten Funktion ergebenden Geraden erfüllt sein. Wir gewinnen daraus die zu einem bestimmten H und T gehörige Magnetisierung. H und T gehen in die Variable x ein. Andererseits bestimmt H den Schnittpunkt $-\frac{H}{\varepsilon n_a \mu}$ mit der negativen Ordinatenachse. Für $H = 0$ wird die LANGEVIN-Kurve im Nullpunkt geschnitten; wird H größer, so wird die Gerade parallel nach unten verschoben, dann rückt aber der Schnittpunkt mit $L(x)$ zu höheren Ordinatenwerten, die Magnetisierung wächst also. Nun bestimmt wiederum T die Neigung der Geraden. Verläuft die Gerade steiler als die Kurve $L(x)$ an ihrer steilsten Stelle, erhalten wir einen Schnittpunkt. Verläuft sie jedoch flacher, kann es drei Schnittpunkte geben. Die Anfangssteigerung von $L(x)$ ist $= 1/3$. Wir erhalten also für die Temperatur, bei der die drei Schnittpunkte in einem Punkt zusammenfallen:

$$\Theta = \frac{\varepsilon n_a \mu^2}{3k}$$

Diese Temperatur ist die CURIE-Temperatur. Oberhalb dieser Temperatur wird kein Ferromagnetismus mehr angetroffen, es liegt normaler Paramagnetismus vor.

Für den ferromagnetischen Bereich entsprechen von den drei Schnittpunkten nur diejenigen einem stabilen Zustand, bei denen die Gerade steiler als die LANGEVIN-Funktion ist. Für $H = 0$ ergibt sich folgendes: Durch thermische Störungen entstehende lokale Momentgleichrichtungen ergeben $x > 0$. Dazu gehört ein größeres $\overline{\cos \alpha}$ als der Ordinatenabschnitt der Geraden angibt. Demzufolge wird wieder x größer usw.: Der Orien-

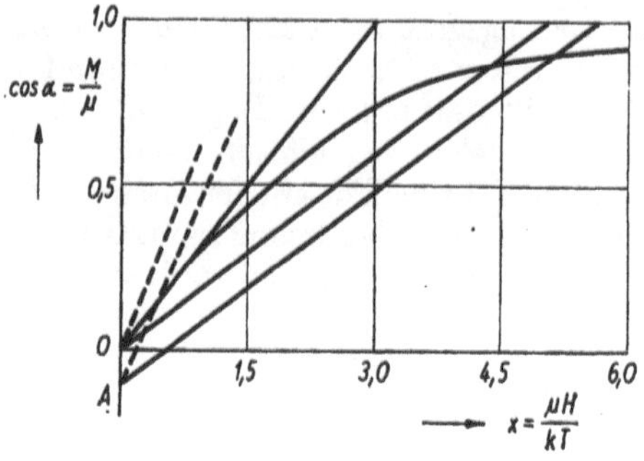

Abb. 39 Zur WEISSschen Theorie

tierungsgrad wird immer größer, bis schließlich der zweite Schnittpunkt erreicht ist. Dies ist nichts anderes als die „spontane Magnetisierung", die auch dann in einem ferromagnetischen Körper vorliegt, wenn sich nach außen hin eine Magnetisierung 0 ergibt. Dies wird durch die Ausbildung der „WEISSschen Bezirke" verursacht, in denen die spontane Magnetisierung verschiedene Richtungen hat, so daß sich nach außen hin Kompensation ergibt.

Wir sehen also, daß die wichtigsten Erscheinungen des Ferromagnetismus mit Hilfe unserer Modellvorstellungen plausibel gemacht werden können.

Die makroskopische Magnetisierung diamagnetischer Stoffe behandeln wir im nächsten Kapitel.

4.3. *Grundzüge der quantenmechanischen Theorie des Magnetismus isolierter Elektronensysteme (ohne Spin)*

4.3.1. *Störungstheoretische Behandlung* (*)

Obwohl bereits 1932 die quantenmechanische Theorie des Dia- und Paramagnetismus von van VLECK fertig ausgebildet vorlag, liegt auch heute noch keine deutschsprachige Darstellung dieser Theorie vor. Im folgenden findet sich eine kurze Wiedergabe der wesentlichen Teile der van VLECKschen Theorie.

Die quantenmechanische Behandlung der Elektronenbewegung in einem elektromagnetischen Feld geht von der Beschreibung dieser Bewegung mit Hilfe der HAMILTON-Funktion aus. Bei Anwesenheit eines äußeren elektromagnetischen Feldes mit dem Vektorpotential $\mathfrak{A}$ ($\mathfrak{H} = rot\,\mathfrak{A}$) und dem skalaren Potential Φ lautet diese:

$$H = \sum_i \frac{1}{2mi}\left[\left(p_{x_i} - \frac{e}{c}A_{x_i}\right)^2 + \left(p_{y_i} - \frac{e}{c}A_{y_i}\right)^2 + \left(p_{z_i} - \frac{e}{c}A_{z_i}\right)^2\right] + e\Phi \quad (1)$$

Für den Impuls gilt:

$$p_{x_i} = m_i\dot{x}_i + \frac{e}{c}A_{x_i}; \quad p_{y_i} = m_i\dot{y}_i + \frac{e}{c}A_{y_i};$$

$$p_{z_i} = m_i\dot{z}_i + \frac{e}{c}A_{z_i}$$

Multipliziert man aus, ordnet nach H_0 (HAMILTON-Funktion ohne äußeres Feld) und H_1 (Störungsglied) und legt ein konstantes Magnetfeld der Stärke $\mathfrak{H}$ in z-Richtung an

$$(\text{also} \quad A_x = -\frac{1}{2}y\mathfrak{H}, \quad A_y = -\frac{1}{2}x\mathfrak{H}, \quad A_z = 0),$$

so resultiert:

$$H = H_0 - \sum_i \left[\frac{e_i\mathfrak{H}}{2m_ic}(x_ip_{y_i} - y_ip_{x_i}) + \frac{e_i^2\mathfrak{H}^2}{8mic^2}(x_i^2 + y_i^2)\right] \quad (2)$$

Zwischen magnetischem Moment M_z in Feldrichtung und HAMILTON-Energie-Funktion gilt die Beziehung:

$$M_z = -\frac{\partial H}{\partial \mathfrak{H}}$$

Man erhält somit aus (2)

$$M_z = \sum_i \left[\frac{e_i}{2mc}(x_i p_{y_i} - y_i p_{x_i}) + \frac{\mathfrak{H} e^2}{4 m_i c^2}(x_i^2 + y_i^2)\right] \quad (3)$$

M_z^0 (M_z für $\mathfrak{H} = 0$) $= \sum_i \frac{e_i}{2mc} L_z$ (L = Drehimpulsmoment)

Das magnetische Moment besteht also aus einem Glied, das auch bei $\mathfrak{H} = 0$ erhalten bleibt, sofern der Bahnimpuls der Elektronenbewegung nicht gleich Null ist und einem $\mathfrak{H}$-abhängigen Glied. Das erste Glied repräsentiert den Paramagnetismus, das zweite den Diamagnetismus. Letzteres entspricht dem von LANGEVIN abgeleiteten Ausdruck (s. S. 73). Beim Übergang zur Quantenmechanik müssen wir die Impulse p der klassischen HAMILTON-Funktion H durch die quantenmechanischen Impulsoperatoren $-\frac{\hbar}{i}\frac{\partial}{\partial q}$ ersetzen:

$$\mathbf{H} = \mathbf{H}_0 - \sum_i \left[\frac{e_i \hbar}{2 m_i c}\left(\mathbf{X}_1 \frac{\partial}{\partial y_i} - \mathbf{Y}_1 \frac{\partial}{\partial x_i}\right)\mathfrak{H} + \frac{e_i^2}{8 m_i c^2} \times (\mathbf{X}_i^2 + \mathbf{Y}_i^2)\,\mathfrak{H}^2\right] \quad (4)$$

Stellt nun dieser Ausdruck ebenso wie die ihm entsprechende klassische Beziehung (2) bei Anwesenheit eines magnetischen Bahnmomentes eine Beziehung für die Energie E_m im Magnetfeld $\mathfrak{H}$ (und mit $M_z = -\frac{\partial Em}{\partial \mathfrak{H}}$ für das magnetische Moment) dar, die ausschließlich den klassischen LANGEVINschen Diamagnetismus

$$\mu_i = -\frac{e^2 \mathfrak{H}}{4mc^2}(x^2 + y^2)$$

enthält?

Der entscheidende Fortschritt der quantenmechanischen Theorie des Diamagnetismus besteht nun darin, daß sie diese Frage verneint. Wie im Anschluß mit Hilfe der Störungsrechnung gezeigt wird, resultiert aus (4) für den Fall, daß das Elektronensystem nicht kugelsymmetrisch ist, auch bei fehlendem Bahnmoment ein temperaturabhängiger Paramagnetismus, der klassisch unverständlich ist, aber für die Praxis der Magnetochemie größte Bedeutung erlangt.

Der Störungsoperator H_m im Magnetfeld hat nach (4) die Form

$$\mathbf{H}_m = -\mathfrak{H}\mathbf{M}_z^0 + \mathfrak{H}^2 \frac{e^2}{8mc^2} \sum_i (\mathbf{X}_i^2 + \mathbf{Y}_i^2)$$

Die Störungsrechnung wollen wir in zwei Schritten durchführen, zuerst für den Störterm $-\mathfrak{H} M_z$, sodann für den $\mathfrak{H}^2$ enthaltenden Term.

1. Schritt

$$\mathbf{H}_{M1} = \mathbf{H}_0 + \lambda \mathbf{W}_1$$

Als Störungsparameter λ fungiert das Magnetfeld $\mathfrak{H}$. Der Störungsoperator $\mathbf{W}_1 = -\mathbf{M}_z$ läßt sich als Matrix mit den Elementen

$$W_{nm} = \int \Psi_m^{0\,*} \mathbf{M}_z^0 \Psi_n^0$$

darstellen bzw. mit Hilfe der DIRACschen Observablen-Symbolik als

$$(n|\mathbf{M}_z^0|m)$$

Die Indizes n und m bezeichnen zwei verschiedene Quantenzustände. Die Störungsrechnung liefert unter Berücksichtigung der Glieder zweiter Ordnung mit $W_{nm} \approx \lambda w_{nm}$ und unter der Voraussetzung

$$\left| \frac{\lambda w_{nm}}{E_n^0 - E_m^0} \right| \ll 1$$

als Ausdruck für die Energie in zweiter Näherung

$$E_{n(1)} = E_n^0 + \lambda w_{nm} + \lambda^2 \sum_{n \neq m} \frac{w_{nm} - w_{mn}}{E_n^0 - E_m^0}$$

also für unseren Fall ($\lambda = \mathfrak{H}$, $w_{nm} = -(n\,|\,\mathbf{M}_z^0\,|\,m)$):

$$E_{n(1)} = E_n^0 - \mathfrak{H}(n\,|\,\mathbf{M}_z^0\,|\,n) - \mathfrak{H}^2 \sum_{n \neq m} \frac{(n\,|\,\mathbf{M}_z^0\,|\,m)^2}{E_n^0 - E_m^0}$$

2. Schritt

$$\mathbf{H}_{M_2} = \mathbf{H}_{M_1} + \lambda \mathbf{W}_2$$

Nun wird der gleiche Störungsansatz wie beim ersten Schritt auf die von $\mathfrak{H}^2$ abhängige Störung angewandt. Die Matrixelemente des Störoperators

$$\mathbf{W}_2 = \mathfrak{H} \frac{e^2}{8mc^2} \sum_i (\mathbf{X}_i^2 + \mathbf{Y}_i^2) \equiv \mathfrak{H}\mathbf{P}_z$$

lassen sich als $\mathfrak{H}(n\,|\,P_z\,|\,m)$ darstellen. Im Ausdruck für die Energie in zweiter Näherung werden nur Glieder mit $\mathfrak{H}^2$ berücksichtigt:

$$E_{n(2)} = E_{n(1)} + \mathfrak{H}^2(n\,|\,\mathbf{P}_z\,|\,n)$$

Damit lautet der vollständige Ausdruck für die Energie des Systems im Magnetfeld $E_M = E_{n(2)}$:

$$E_M = E_n^0 - \mathfrak{H}(n\,|\,\mathbf{M}_z^0\,|\,n) - \mathfrak{H}^2 \sum_{n \neq m} \frac{(n\,|\,\mathbf{M}_z^0\,|\,m)^2}{E_n^0 - E_m^0}$$
$$+ \mathfrak{H}^2 \frac{e^2}{8mc^2} \sum (n\,|\,\mathbf{X}^2 + \mathbf{Y}^2\,|\,n)$$

$m_{z_n} = -\dfrac{\partial Em}{\partial \mathfrak{H}}$ ergibt sich zu:

$$m_{z_n} = (n\,|\,\mathbf{M}_z^0/\,|\,n) + 2\mathfrak{H} \sum_{n \neq m} \frac{(n\,|\,\mathbf{M}_z^0\,|\,m)^2}{E_m^0 - E_n^0}$$
$$- 2\mathfrak{H} \frac{e^2}{8mc^2} \sum (n\,|\mathbf{X}^2 + \mathbf{Y}^2\,|\,n)$$

Diesen Ausdruck vergleichen wir mit dem klassischen Ergebnis. Der erste Term ist das diagonale Matrixelement des magnetischen Momentes in z-Richtung, also dessen quantenmechanischer Mittelwert. Er entspricht dem ersten Term von (3) und damit dem klassischen Bahnparamagnetismus.

Der dritte Term ist das diagonale Matrixelement eines Koordinatenoperators $\mathbf{X}^2 + \mathbf{Y}^2$, also der quantenmechanische Mittelwert von $x^2 + y^2$. Er entspricht dem zweiten Term von (3) und damit dem klassischen Diamagnetismus.

Was bedeutet der zweite Term? Er ist positiv, stellt also einen paramagnetischen Term dar. Wir werden gleich sehen, daß dieser Paramagnetismus temperaturunabhängig ist, also durch Messungen bei verschiedener Temperatur nicht vom Diamagnetismus getrennt werden kann. Auch seine quantenmechanische Berechnung ist sehr schwierig, verlangt sie doch neben der Kenntnis der Wellenfunktionen und der Energie des Grundzustandes auch die der angeregten Zustände. Wie später gezeigt wird, ist dieser nichtklassische Term nur für kugelsymmetrische Systeme gleich Null.

Bei einer „anschaulichen" Interpretation des nichtklassischen Terms, der über die nichtdiagonalen Matrixelemente des Operators des magnetischen Bahnmomentes summiert, sieht man sich vor die gleichen Schwierigkeiten gestellt, wie bei der Erläuterung des sogenannten Austauschintegrals $\int \Psi_a^* \mathbf{H} \Psi_b$ der Heitler-London-schen Theorie der kovalenten Bindung. Während dort Ψ_a und Ψ_b die Wellenfunktion derjenigen Zustände darstellen, bei denen die Elektronen Atomzustände beim Kern a bzw. beim Kern b besetzen, handelt es sich hier um zwei verschiedene Quantenzustände des gleichen Systems. Auch hier würde man sich also entsprechend spekulativer Begriffe bedienen müssen wie „magnetisches Moment einer Überlegung zweier Zustände" oder dergleichen. Darauf soll an dieser Stelle nicht näher eingegangen werden.

4.3.2. Quantenmechanische Berechnung der Temperaturabhängigkeit der magnetischen Suszeptibilität (*)

Wir gehen nun zur Berechnung der makroskopischen Magnetisierung über. Bei der Anwendung der BOLTZMANN-Statistik auf die quantenmechanisch berechneten Momente empfiehlt sich nach van VLECK folgende Symbolisierung von Quantenzuständen: Zustände, die sich um sogenannte „niederfrequente“ Energiebeträge ($E \approx kT$) unterscheiden, werden mit den Quantenzahlen j und m bezeichnet, solche, die sich um „hochfrequente“ Beträge ($E \gg kT$) unterscheiden, mit der Quantenzahl n.

Die BOLTZMANN-Statistik liefert für das mittlere magnetische Moment eines Ensembles von N_L Partikeln mit dem magnetischen Moment m_z den Ausdruck

$$M = N_L \frac{\sum m_z e^{-\frac{E}{kT}}}{\sum e^{-\frac{E}{kT}}} \tag{1}$$

Es ist zu beachten, daß dieser Ansatz nicht für delokalisierte Elektronen gilt, da für diese die FERMI-Statistik zugrunde gelegt werden muß. Mit

$$m_z = -\frac{\partial E}{\partial \mathfrak{H}}$$

sowie dem Störungsansatz

$$E = E_0 + \mathfrak{H} E^1 + \mathfrak{H}^2 E_2 + \ldots$$

bzw.

$$m_z = -E_1 - 2\mathfrak{H} E_2 - \ldots$$

erhält man aus (1) und $e^{-\frac{E}{kT}} = e^{-\frac{E_0}{kT}} \left(1 - \frac{E_1}{kT} \mathfrak{H} - \ldots\right)$

für M:

$$M = -N_L \frac{\sum e^{-\frac{E_0}{kT}} \left[E_1 + \mathfrak{H} \left(2E_0 - \frac{E_1^2}{kT} \right) \right]}{\sum e^{-\frac{E_0}{kT}} \left(1 - \mathfrak{H} \frac{E_1}{kT} \right)}$$

Für die magnetische Suszeptibilität χ_m ergibt sich:

$$\chi_m = \frac{M}{\mathfrak{H}} = N_L \frac{\sum \left(\frac{E_1^2}{kT} - 2E_2 \right) e^{-\frac{E_0}{kT}}}{\sum e^{-\frac{E_0}{kT}}} \tag{2}$$

wobei nach Seite 83 $E_1 = (n, j, m | \mathbf{M}_z^0 | n, j, m)$ und

$$E_2 = -\sum \frac{(n, j, m | \mathbf{M}_z^0 | n', j', m')^2}{h\nu(n, n')} + \frac{e^2}{8mc^2} \sum (n | \mathbf{X}^2 + \mathbf{Y}^2 | n)$$

Bei der Ableitung wurden quadratische Glieder in $\mathfrak{H}$ vernachlässigt und wurde berücksichtigt, daß wegen der statistischen Verteilung der Bahnmomente im Zustand E_0, also bei Abwesenheit eines äußeren magnetischen Feldes $\mathfrak{H}$, gilt:

$$\sum - E_1 e^{-\frac{E_0}{kT}} = \sum (n | \mathbf{M}_z^0 | n) e^{-\frac{E_0}{kT}} = 0$$

Damit erhält man aus (2)

$$\chi_m = \frac{N_L}{\sum e^{-\frac{E_0}{kT}}} \left[\sum \frac{(n, j, m | \mathbf{M}_z^0 | n, j, m)^2}{kT} e^{-\frac{E_0}{kT}} + 2 \sum_{n, j, m \neq n', j', m'} (n, j, m | \mathbf{M}_z^0 | n', j', m')^2 e^{-\frac{E_0}{kT}} - \frac{e^2}{4mc^2} \sum (n, j, m | \mathbf{X}^2 + \mathbf{Y}^2 | n, j, m) e^{-\frac{E_0}{kT}} \right] \tag{3}$$

Auf Grund der Bedingung der spektroskopischen Stabilität

$$\sum (n, j, m | \mathbf{M}_z^0 | n', j', m')^2 = \frac{1}{3} \sum (n, j, m | \mathbf{M}^0 | n', j', m')^2$$

und nach einer Umordnung und Vereinfachung der ersten beiden Glieder unter Berücksichtigung von

$$|h\nu(n' j', nj)| \gg kT \quad \text{und} \quad |h\nu(n j', nj)| \ll kT$$

erhält man aus (3) als endgültigen Ausdruck für die magnetische Suszeptibilität

$$\chi_m = \frac{N_L}{\sum e^{-\frac{E_0}{kT}}} \left[\frac{1}{3kT} \sum (n, j, m | \mathbf{M}^0 | n', j', m')^2 \, e^{-\frac{E_0}{kT}} \right.$$
$$+ \frac{2}{3} \sum \frac{(n, j, m | \mathbf{M}^0 | n', j', m')^2}{h\nu(n', j', m'; n, j, m)} e^{-\frac{E_0}{kT}}$$
$$\left. - \frac{e^2}{4mc^2} \sum (n, j, m | \mathbf{X}^2 + \mathbf{Y}^2 | n, j, m) \, e^{-\frac{E_0}{kT}} \right] \quad (4)$$

Eine nähere Analyse zeigt, daß sich im 2. und 3. Summanden von (4) die temperaturabhängigen Glieder herausheben. Das zweite Glied stellt den temperaturabhängigen Paramagnetismus dar, der durch Messungen der Temperaturabhängigkeit vom dritten Term (Diamagnetismus) nicht zu trennen ist. Man nennt den ersten Term auch „Niederfrequenz“- und den zweiten „Hochfrequenz-Anteil“ des magnetischen Bahnmoments. Formel (4) stellt den exakten quantenmechanischen Ausdruck für die LANGEVIN-DEBYEsche Formel dar. Er ist infolge der Reihenentwicklung des zweiten Summanden nur approximativ lösbar. Mittelt man nach einem Vorschlag van VLECKS über die Zeit und die verschiedenen Zustände des Atoms, faßt die beiden nichttemperaturabhängigen Terme in (4) zusammen und bezeichnet sie mit $\overline{\alpha}$ und den Niederfrequenzanteil mit $\overline{\mu}$, erhält man die LANGEVIN-DEBYEsche Gleichung

$$\chi_m = N_L \left(\frac{\overline{\mu}^2}{3kT} + \overline{\alpha} \right) \tag{5}$$

mit

$$\overline{\alpha} = -\frac{N_L e^2}{6mc^2} \sum \overline{r}^2 + \frac{2}{3} N_L \frac{|\mathbf{M}^0(n', n)|^2}{h\nu(n', n)} \tag{6}$$

Die Quantenmechanik fordert also für ein System isolierter „gebundener" Elektronen maximal drei Arten von Magnetismus:

a) Diamagnetismus (χ_{dia})
b) Temperaturabhängiger Paramagnetismus (χ_{para})
c) Temperaturunabhängiger Paramagnetismus ($\chi_{\text{van Vleck}}$)

a) ist immer vorhanden, b) und c) können fehlen.

4.3.3. Eichinvarianz (*)

Bei nichtkugelsymmetrischen Systemen treten bei der Lösung der SCHRÖDINGER-Gleichung mit Magnetfeld nach Gleichung (4), S. 88, neben den Problemen der Berücksichtigung der Elektronenwechselwirkung noch Schwierigkeiten auf, die mit der

$$\mathfrak{A} = -\frac{1}{2} \mathfrak{r} \times \mathfrak{H} \tag{1}$$

Eichung des Vektorpotentials nach Gleichung (1) zusammenhängen.

Diese Schwierigkeiten versuchte LONDON durch Einführung eichinvarianter Eigenfunktionen zu beheben. Die Gleichung (4), S. 88, hängt im Endergebnis (Summe von χ_{dia} und $\chi_{\text{van Vleck}}$) nicht von der Eichung des Vektorpotentials ab („eichinvariant"), wohl aber die absoluten Werte von χ_{dia} und $\chi_{\text{van Vleck}}$. Abb. 40 zeigt, wie stark χ_{dia} und $\chi_{\text{van Vleck}}$ einzeln von der Wahl des Vektorpotentialursprungs abhängen. $\chi_{\text{van Vleck}}$ wird minimal, wenn Vektorpotentialursprung und Schwerpunkt der Ladungsverteilung der Elektronen zusammenfallen. Da besonders die Reihenentwicklung des $\chi_{\text{van Vleck}}$-Terms meist nicht vollständig durchgeführt werden kann, hängt

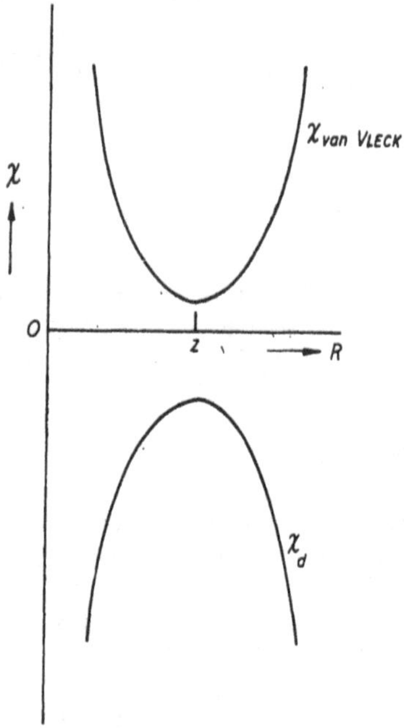

Abb. 40 Abhängigkeit von χ_{dia} und $\chi_{\text{van Vleck}}$ von der Eichung des Vektorpotentials

die Güte der $\chi_{\text{van Vleck}}$-Näherungen erheblich von der Eichung ab und wird um so besser, je mehr die Beziehung (2) gilt.

$$|\chi_{\text{dia}}| \gg |\chi_{\text{van Vleck}}| \tag{2}$$

Beim Aufbau von Molekülfunktionen ist zu beachten, daß die Güte der Linearkombinationen von Atomorbitalen von der Eichung des Vektorpotentials beeinflußt wird.

London führte deshalb folgende von Magnetfeld und Eichung abhängige Atomorbitale Φ_B ein:

$$\Phi_B = \Psi_B \exp\left\{-\frac{2\pi i e}{hc}\mathfrak{A}_B\cdot\mathfrak{r}\right\} \tag{3}$$

($\mathfrak{A}_B$ ist das Vektorpotential im Zentrum des Atoms B; Ψ_B ist die ungestörte B-Eigenfunktion).

$$\Psi_i = \sum_i c_i \Phi_i \tag{4}$$

Die Koeffizienten der Linearkombination (4) werden wie üblich mit Hilfe eines Variationsverfahrens bestimmt. Die Eichschwierigkeiten werden beseitigt, weil Gleichung (5)

$$\left(p + \frac{e\mathfrak{A}}{c}\right)^2 \Phi_B = \exp\left\{-\frac{2\pi i e}{hc}\mathfrak{A}_B\cdot\mathfrak{r}\right\} \times \left[p + \frac{e}{c}(\mathfrak{A} - \mathfrak{A}_B)\right]^2 \Psi_B \tag{5}$$

zutrifft und damit die Schrödinger-Gleichung eichinvariant ist. In der geschweiften Klammer steht ein Skalar und in der eckigen Klammer ein von $\mathfrak{r}_0$ – der „Eichung" unabhängiger Vektor. Wir übersehen diese Verhältnisse an Hand von Abb. 41. In ihr bedeuten U = Ursprung des Vektorpotentials; $\mathfrak{r}_0$ = Vektor, der Ursprung des Koordinatensystems und Ursprung des Vektorpotentials verbindet; $\mathfrak{r}_i$ = Positionsvektor des Elektrons e_i. Zu eichinvarianten Eigenfunktionen kommt man nach London folgendermaßen: Das Elektron i mit dem Vektorpotential $\mathfrak{A} = -{}^1/_2\, \mathfrak{r} \times \mathfrak{H}$ gehöre dem Atom B an, dessen Kern mit 0 symbolisiert ist. Wählt man diesen Punkt (B) als neuen Ursprung des Vektorpotentials, so wird das Vektorpotential von i durch $\mathfrak{A} - \mathfrak{A}_B = -{}^1/_2\,(\mathfrak{r}_i - \mathfrak{r}_B) \times \mathfrak{H}$ ausgedrückt, hängt also nicht von der Wahl von $\mathfrak{r}_0$ ab.

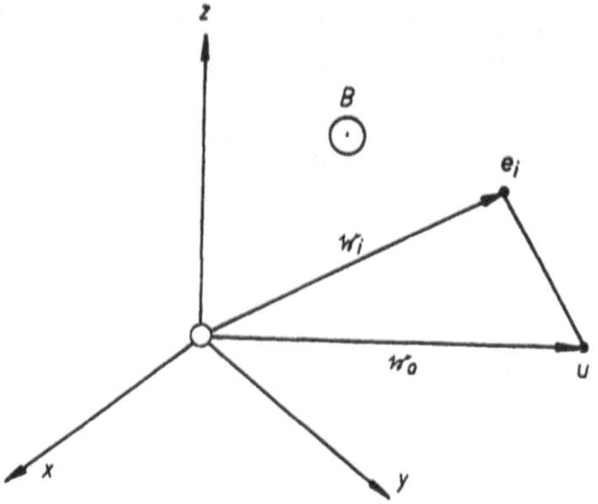

Abb. 41 Zur Ableitung eichinvarianter Atomfunktionen

4.3.4. Variationsverfahren (*)

Für die Berechnung des Diamagnetismus von Bindungs-Elektronenpaaren in Molekülen haben sich Variationsverfahren als sehr zweckmäßig erwiesen. Ein einfacher Ansatz wurde zuerst von Gans und Mrowka, später unabhängig davon von Tillieu und Guy entwickelt und bei der Berechnung des Diamagnetismus von Bindungs-Elektronenpaaren in aliphatischen Kohlenwasserstoffen verwandt. In den letzten Jahren wurden u. a. von Karplus, Pople, Rebane und Hameka leistungsfähige Näherungsansätze entwickelt. Die Variationsmethode liefert auch den Zusammenhang zwischen dem temperaturunabhängigen Paramagnetismus und der Anisotropie der Suszeptibilität eines Moleküls.

Gans und Mrowka gehen von dem Ansatz

$$\Psi = \Psi_0 e^{\varphi} \tag{1}$$

für die durch das magnetische Feld gestörte Eigenfunktion aus.

Die sich aus der zeitabhängigen SCHRÖDINGER-Gleichung bei Vorhandensein eines Magnetfeldes in y-Richtung

$$\Delta \Psi + \frac{4\pi i}{h} \frac{e}{c} (\mathfrak{A}, \operatorname{grad} \Psi) - \frac{4\pi i m}{h} \frac{\partial \Psi}{\partial t} - k^2 V \Psi = 0 \quad (2)$$

$$\left(k^2 = \frac{8\pi^2 m}{h^2}\right); \quad \left(\mathfrak{A}_x = \frac{\mathfrak{H}}{2} z, \quad \mathfrak{A}_y = 0, \quad \mathfrak{A}_z = -\frac{\mathfrak{H}}{2} x\right) \quad (3)$$

ergebende Variationsaufgabe wird nach dem RITZschen Verfahren mit Hilfe des Ansatzes

$$\Psi = \left(\frac{\pi i}{h} \frac{e\mathfrak{H}}{c}\right) \Big[c_1 x + c_2 y + c_3 x + \frac{1}{2} (c_{11} x^2 + c_{22} y^2 + c_{33} z^2 + 2 c_2 c_3 y^2 + 2 c_3 c_1 z x + 2 c_{12} x y) \Big] \quad (4)$$

gelöst. Im Falle einer um die z-Achse als Kernverbindungslinie rotationssymmetrischen Elektronenpaar-Bindung ohne magnetisches Eigenmoment ergibt sich

$$c_1 = c_2 = c_3 = 0$$

$$c_{11} = c_{22} = c_{33} = c_{23} = c_{12} = 0$$

$$c_{31} = \frac{z^2 - x^2}{z^2 + x^2}$$

und für die gestörte Eigenfunktion

$$\Psi_y = -\frac{\pi i}{h} \frac{e\mathfrak{H}}{c} \frac{z^2 - x^2}{z^2 + x^2} x z \quad (5)$$

Für $\mathfrak{H}$ in x- oder z-Richtung gelten analoge Gleichungen. TILLIEU verwendet einen analogen Ansatz:

$$\Psi = \Psi_0(1 + iG_z\mathfrak{H}) \quad (\mathfrak{H} \text{ liegt in } z\text{-Richtung})$$

Damit erhält man mit Hilfe des HAMILTON-Operators im Magnetfeld (s. Kap. 4.3.1.) bei Abwesenheit eines magnetischen Eigenmomentes für die Energie

$$\begin{aligned} E = E_0 &+ \frac{e^2\mathfrak{H}^2}{8mc^2}(\Psi_0|\mathbf{X}^2 + \mathbf{Y}^2|\Psi_0) \\ &- 4i\mathfrak{H}^2(\Psi_0|G_z\mathbf{M}_z^0|\Psi_0) \\ &- \frac{h^2\mathfrak{H}^2}{4\pi^2 m}(\Psi_0|\operatorname{grad} G_z|\Psi_0) \end{aligned} \tag{6}$$

Man erkennt im zweiten Glied den Operator des LANGEVIN-Diamagnetismus. Das dritte und vierte Glied liefert den van VLECK-Paramagnetismus ohne Benutzung von Wellenfunktionen angeregter Zustände. Liegt der Fall einer Elektronenpaar-Bindung zwischen den Atomen A und B vor, wobei die z-Achse senkrecht zur Achse $A - B$ liegen soll, so hat G_z die einfache Form $G_z = ax + bxy + \ldots$ (entsprechend dem GANS-MROWKAschen Ansatz (1)). Die Berechnung von (2) wird dann besonders einfach und führt zu den Minimumsbedingungen

$$\frac{\partial E}{\partial a} = 0, \quad \frac{\partial E}{\partial b} = 0$$

aus denen sich schließlich ergibt $a = 0$ und

$$b = \frac{\pi e}{hc}\frac{(\Psi_0|X^2 - Y^2|\Psi_0)}{(\Psi_0|X^2 + Y^2|\Psi_0)}$$

Für die drei Hauptachsen-Suszeptibilitäten eines Elektronensystems (Molekül oder Atom mit k Elektronen) erhält man allgemein (die quantenmechanischen Mittelwerte sind im folgenden durch einen Querstrich bezeichnet):

$$\chi_{xx} = -\frac{N_L e^2 k}{4mc^2}\left[\bar{y}^2 + \bar{z}^2 - \frac{(\bar{y}^2 - \bar{z}^2)^2}{\bar{y}^2 + \bar{z}^2}\right]$$

$$\chi_{yy} = -\frac{N_L e^2 k}{4mc^2}\left[\bar{z}^2 + \bar{x}^2 - \frac{(\bar{z}^2 - \bar{x}^2)^2}{\bar{z}^2 + \bar{x}^2}\right]$$

$$\chi_{zz} = -\frac{N_L e^2 k}{4mc^2}\left[\bar{x}^2 + \bar{y}^2 - \frac{(\bar{x}^2 - \bar{y}^2)^2}{\bar{x}^2 + \bar{y}^2}\right]$$

$$\bar{x}^2 = \frac{1}{k}\sum_1^k \bar{x}_2^k, \quad \bar{y}^2 = \frac{1}{k}\sum_1^k \bar{y}_k^2, \quad \bar{z}^2 = \frac{1}{k}\sum_1^k \bar{z}_k^2 \qquad (7)$$

Aus diesen Gleichungen läßt sich der temperaturunabhängige Paramagnetismus χ_p mit Hilfe der Anisotropie des Diamagnetismus ermitteln.

Kehren wir zu dem speziellen Fall eines Bindungs-Elektronenpaares zurück. Die Eigenfunktion einer Elektronenpaar-Bindung erhält man aus den Eigenfunktionen der Atome A und B der Bindung $A - B$ mit Hilfe von

$$\Psi_0 = N(\Psi_{0_A} + \lambda \Psi_{0_B}).$$

N ist ein Normierungsfaktor, λ ein die Elektronegativitätsdifferenz zwischen A und B angebender Koeffizient. Mit Hilfe von guten Atomnäherungsfunktionen (Slater, Coulson usw.) und experimentellen Koordinatenwerten (Röntgen- oder Elektronenbeugung, Schwingungsspektren) lassen sich die Integrale in (7) verhältnismäßig leicht berechnen.

Wir erwähnen noch einige ähnliche quantenmechanische Näherungsmethoden. Alle neueren Verfahren gehen von der Eichinvarianz der Gleichung (4), S. 88 aus. Rebane hat nachgewiesen, daß es dadurch möglich ist, die unendlichen Reihenentwicklungen im van Vleck-Glied zu vermeiden, wenn man von entsprechend geeichten Eigenfunktionen des Hamilton-Operators im Magnetfeld ausgeht.

HAMEKA entwickelte in mehreren Arbeiten ein SCF LCAO MO-Verfahren, das ebenfalls mit eichinvarianten AO's arbeitet (GIAO = gauge invariant atomic orbitals). Den Atomfunktionen φ_A und φ_B (zweiatomiges Molekül AB) wird dabei die gleiche Eichung wie dem Vektorpotential $\mathfrak{A} = \frac{1}{2}[\mathfrak{H}\mathfrak{r} - \mathfrak{q}]$ zugeordnet. Auch hier erweist sich, daß dann die Reihenabbrüche im van VLECK-Glied vorteilhafter sind. Es gilt also für ein eichinvariantes Molekül-Orbital:

$$\Phi = f_a \varphi_a + f_b \varphi_B$$

mit

$$f_a = \exp\left[ie\gamma(\mathfrak{q} - \mathfrak{a})/\hbar c\right]$$
$$f_b = \exp\left[ie\gamma(\mathfrak{a} - \mathfrak{b})/\hbar c\right]$$
$$\gamma(\overline{u}) = \frac{1}{2}([\mathfrak{H}\overline{u}]\mathfrak{r})$$

($\mathfrak{a}$, $\mathfrak{b}$: Positionen der Kerne A, B)

Führt man das übliche Variationsverfahren der MO-Theorie durch und berechnet die Energieänderung im Magnetfeld ΔE, so erhält man schließlich nach HAMEKA:

$$\Delta E = 2\sum_{k=1}^{N} \Delta\varepsilon_k + Q,$$

wobei Q ein kompliziertes Korrekturglied darstellt, auf dessen Darstellung verzichtet sei, obwohl es in verschiedenen Fällen (z. B. HF und N_2) nicht vernachlässigt werden darf.

5. Diamagnetismus von Atomen, Ionen und Molekülen

5.1. Atom- und Ionendiamagnetismus

Wie wir im Kap. 4. gesehen haben, läuft die quantenmechanische Berechnung des LANGEVIN-Diamagnetismus auf die Ermittlung der Eigenwerte eines Koordinatenoperators $X^2 + Y^2$ hinaus. Eine exakte Lösung ist natürlich wie auch bei der SCHRÖDINGER-Gleichung nur im Fall von Ein-Elektronen-Problemen möglich. Auf solche Berechnungen soll hier nicht eingegangen werden. Ein von WALLER abgeleiteter Ausdruck lautet wie folgt:

$$\chi_m = \frac{e^2 N_L}{6mc^2} \sum \bar{r}^2$$
$$= -\,0{,}790 \cdot 10^{-6} \left[\frac{5n^4 - 3n^2 l(l+1) + n^2}{2Z^2}\right]$$

n = Hauptquantenzahl, l = Drehimpulsquantenzahl, Z = Kernladungszahl.

Für das H-Atom ergibt sich mit $n = 1, l = 0, Z = 1$: $\chi_H = -2{,}37$.

Ein Vergleich mit experimentellen Werten ist nur indirekt möglich, da hier der Diamagnetismus vom Spinmagnetismus des ^2S-Grundzustandes überdeckt wird. Für Mehrelektronenatome und -ionen müssen SCF-Verfahren herangezogen werden. So erhielt STONER für Helium einen sehr befriedigenden Wert. SLATER leitete mit halbempirischen Wellenfunktionen folgenden Ausdruck für den Suszeptibilitätsbeitrag eines Elektrons ab:

$$\chi = -\,0{,}790 \cdot 10^{-6} \left[\frac{n^{*2}\left(n^* + \frac{1}{2}\right)(n^* + 1)}{Z^{*2}}\right]$$

n^* = effektive Hauptquantenzahl, Z^* = effektive Kernladungszahl.

Eine Verbesserung erhält ANGUS durch Verwendung verschiedener Z^*-Werte für s- und p-Elektronen. In Tab. 1 finden wir die von ANGUS erhaltenen χ-Beiträge des Br-Ions. Bei Helium dürfte die theoretische Berechnung heute dem wirklichen Diamagnetismus bereits näherkommen als die experimentellen Werte (die Suszeptiblität von Gasen läßt sich exakt sehr schwierig bestimmen). Mit Hilfe einer zwanzig Glieder enthaltenden Hylleraas-Wellenfunktion berechnete GLICK χ von Helium zu $1{,}8914 \pm 0{,}0002$ und schlug vor, diesen

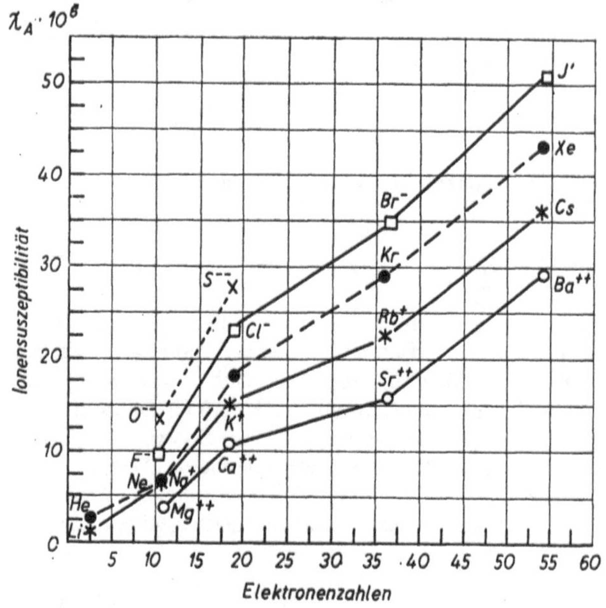

Abb. 42 Abhängigkeit der Ionensuszeptibilitäten von der Elektronenzahl

Wert als Bezugswert bei Eichungen von Messungen diamagnetischer Gase zugrunde zu legen. Tab. 2 zeigt die experimentellen und theoretischen Werte verschiedener Autoren für die Edelgase. Interessante Vergleichsmöglichkeiten mit experimentellen Werten und den Chemiker interessierende Hinweise auf Bindungsverhältnisse finden sich nun bei den edelgasartigen Ionen und deren Gittern. In Abb. 42 finden wir eine graphische Darstellung der von ANGUS berechneten Ionensuszeptibilitäten von der Elektronenanzahl. Wir sehen einen ähnlichen Gang wie bei den Ionenradien und Refraktionswerten: Großer Anstieg von der Ne- zur Ar-Schale, geringer Anstieg von der Ar- zur Kr-Schale und wieder größerer Anstieg von der Kr- zur Xe-Schale, Beim Vergleich mit dem Experiment ist zu beachten, daß eine Ableitung aus Messungen an Ionenkristallen natürlich nur unter vereinfachenden Voraussetzungen möglich ist (Additivität von Anion- und Kationdiamagnetismus,

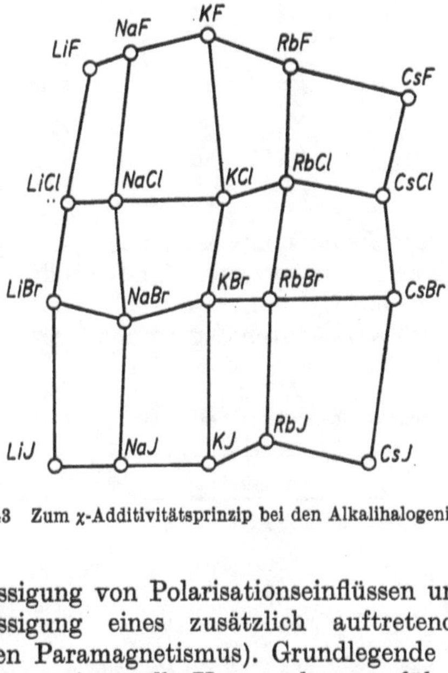

Abb. 43 Zum χ-Additivitätsprinzip bei den Alkalihalogeniden

Vernachlässigung von Polarisationseinflüssen und damit Vernachlässigung eines zusätzlich auftretenden van Vleckschen Paramagnetismus). Grundlegende und umfangreiche experimentelle Untersuchungen führten z. B. Brindley und Hoare, Veiel, Klemm sowie Prasad durch. Abb. 43 zeigt nach Veiel anschaulich die Abweichungen von der Additivität bei den Alkalihalogeniden. Tab. 3 gibt eine Übersicht über die diamagnetischen Suszeptibilitäten einer Anzahl Ionen (die mit einem * versehenen Ionen besitzen einen den Diamagnetismus überdeckenden Paramagnetismus.)

Bei Verwendung dieser Ioneninkremente gleichen sich in verschiedenen Fällen bei der Verletzung des Additivitätsgesetzes die Kation- und Anionfehler aus. Auf Grund dieser Fehlerkompensation ist das System der Tab. 3 relativ „selbstkonsistent“. Der Einfluß der Ionendeformation im Kristallgitter ist bei den Alkalihalogeniden noch verhältnismäßig gering. Hier liegen auch die genauesten quantenmechanischen Berechnungen vor. Beim KCl verwandte CHRISTOFFEL Wellenfunktionen, die von denen der freien Ionen abweichen und die Ein-

Tabelle 1
Diamagnetismus-Beiträge des Br^--Ions nach ANGUS

n	Untergruppe	Zahl der Elektronen	χ
1	s	2	
2	s	2	0,04
	p	6	0,15
3	s	2	0,30
	p	6	1,08
	d	10	5,3
4	s	2	4,98
	p	6	24,81

Tabelle 2
Gegenüberstellung experimenteller und berechneter χ_{Mol}-Werte

	He	Ne	Ar	Kr	Xe
experimentell gefunden	2,02 ± 0,08	6,96 ± 0,14	19,32	29,0 ± 0,4	45,5 ± 0,7
berechnet nach:					
HARTREE-STONER	1,90	8,6	24,8	–	–
ANGUS	1,68	5,07	16,65	29,3	44,8
KIRKWOOD	1,92	6,15	17,0	29,3	45,7
COURTY	1,913	7,167	20,218	30,005	44,600

flüsse des Kristallfeldes berücksichtigen. Für KCl ergeben sich folgende Diamagnetismuswerte:

Ion	$-\chi_d \cdot 10^6$
K^+_{frei}	15,3
Cl^-_{frei}	30,4
$K^+_{Kristall}$	16,6
$Cl^-_{Kristall}$	24,3
$KCl_{Kristall}$	40,9

Die experimentellen Daten für den KCl-Kristall schwanken zwischen 38 und 39. Über den durch Polarisationseinflüsse auftretenden van VLECK-Magnetismus hat vor allem DORFMAN interessante Gesichtspunkte entwickelt (s. S. 135). Eine besonders große Abweichung finden wir beim LiH-Gitter.

Mehrfach wurde die Änderung des Diamagnetismus von Ionen in Lösung untersucht. Meist ist der Diamagnetismus gelöster Ionen etwas höher. Es gilt angenähert die Beziehung:

$$\chi_L = a \cdot \chi_K + b$$

χ_L = Suszeptibilität des gelösten Ions, χ_K = Suszeptibilität des Ions im Kristall, a und b = Konstanten.

Abhängigkeiten von der Konzentration scheinen in den meisten Fällen nicht vorzuliegen. Auch wurden nur geringfügige Unterschiede zwischen kristallwasserfreien Salzen und Hydraten gefunden (ausgenommen Borate). Bei wasserhaltigem System ist zu beachten, daß auf Grund der Temperaturabhängigkeit der Struktur des flüssigen Wassers auch der Diamagnetismus eine schwache Temperaturabhängigkeit aufweist. Der Temperaturkoeffizient

$$\frac{1}{\varkappa_{H_2O}} \cdot \frac{d\varkappa_{H_2O}}{dT}$$

nimmt von $2{,}9 \cdot 10^{-4}$ bei 5 °C auf $0{,}62 \cdot 10^{-4}$ bei 70 °C ab.

Tabelle 3

Ion	$-\chi \cdot 10^6$	Ion	$-\chi \cdot 10^6$	Ion	$-\chi \cdot 10^6$
Ag^+	24	*Dy^{3+}	19	NO_3^-	20
*Ag^{2+}	24?	*Er^{3+}	18	Na^+	5
Al^{3+}	2	*Eu^{2+}	22	*Nd^{3+}	20
As^{3+}	9?	*Eu^{3+}	20	*Ni^{2+}	12
As^{5+}	6	F^-	11	O^{2-}	12
$As_2O_3^{3-}$	51	*Fe^{2+}	13	OH^-	12
AsO_4^{3-}	60	*Fe^{3+}	10	*Os^{2+}	44
Au^+	40?	Ga^{3+}	8	*Os^{3+}	36
Au^{3+}	32	Ge^{4+}	7	*Os^{4+}	29
B^{3+}	0,2	Ge^{2+}	20	*Os^{6+}	18
BF_4^-	39	H^+	0	Os^{8+}	11
BO_3^{3-}	35	Hf^{4+}	16	P^{3+}	4
Ba^{2+}	32	Hg^{2+}	37	P^{5+}	1
Be^{2+}	0,4	*Ho^{3+}	19	PO_3^-	30
Bi^{3+}	25?	I^-	52	PO_4^{3-}	42
Bi^{5+}	23	I^{5+}	12	Pb^{2+}	28
Br^-	36	I^{7+}	10	Pb^{4+}	26
Br^{5+}	6	IO_3^-	50	*Pd^{2+}	25
BrO_3^-	40	IO_4^-	54	*Pd^{4+}	18
C^{4+}	0,1	In^{3+}	19	*Pr^{3+}	20
CN^-	18	*Ir^+	50	*Pr^{4+}	17
CNO^-	21	*Ir^{2+}	42	*Pt^{2+}	40
CNS^-	35	*Ir^{3+}	35	*Pt^{3+}	33
CO_3^{2-}	34	*Ir^{4+}	29	*Pt^{4+}	28
Ca^{2+}	8	*Ir^{5+}	20	Rb^+	20
Cb^{5+}	9	K^+	13	*Re^{3+}	36
Cd^{2+}	22	La^{3+}	20	*Re^{4+}	28
*Ce^{3+}	20	Li^+	0,6	*Re^{6+}	16
Ce^{4+}	17	Lu^{3+}	17	Re^{7+}	12
Cl^-	26	Mg^{2+}	3	*Rh^{3+}	22
Cl^{5+}	2	Mn^{2+}	14	*Rh^{4+}	18
ClO_3^-	32	Mn^{3+}	10	*Ru^{3+}	23
ClO_4^-	34	*Mn^{4+}	8	*Ru^{4+}	18
*Co^{2+}	12	*Mn^{6+}	4	S^{2-}	38?
*Co^{3+}	10	*Mn^{7+}	3	S^{4+}	3
*Cr^{2+}	15	*Mo^{2+}	31	S^{6+}	1
*Cr^{3+}	11	*Mo^{3+}	23	SO_3^{2-}	38
*Cr^{4+}	8	*Mo^{4+}	17	SO_4^{2-}	40
*Cr^{5+}	5	*Mo^{5+}	12	$S_2O_8^{2-}$	78
Cr^{6+}	3	Mo^{6+}	7	Sb^{3+}	17?
Cs^+	31	N^{5+}	0,1	Sb^{5+}	14
Cu^+	12	NH_4^+	11,5	Sc^{3+}	6
*Cu^{2+}	11	NO_2^-	10	Se^{2-}	48?

Wahrscheinlich ist die Depolymerisation der Wasseraggregate mit steigender Temperatur dafür verantwortlich.

An Atomgittern wurden noch wenig magnetische Untersuchungen durchgeführt. Die Diamant-Suszeptibilität, die gerade für die Inkrementsystematik der organischen Chemie sehr wichtig wäre, ist noch nicht hinreichend genau bekannt. Ein ebenfalls noch der Bearbeitung harrendes Anwendungsgebiet stellen z. B. anorganische Gittersysteme der Phosphat- und Silikatchemie dar.

Tabelle 3 (Fortsetzung)

Ion	$-\chi \cdot 10^6$	Ion	$-\chi \cdot 10^6$	Ion	$-\chi \cdot 10^6$
Se^{4+}	8	Te^{4+}	14	*V^{2+}	15
Se^{6+}	5	Te^{6+}	12	*V^{3+}	10
SeO_3^{2-}	44	TeO_3^{2-}	63	*V^{4+}	7
SeO_4^{2-}	51	TeO_4^{2-}	55	V^{5+}	4
Si^{4+}	1	Th^{4+}	23	*W^{2+}	41
SiO_3^{2-}	36	*Ti^{3+}	9	*W^{3+}	36
*Sm^{2+}	23	Ti^{4+}	5	*W^{4+}	23
Sm^{3+}	20	Tl^{+}	34	*W^{5+}	19
Sn^{2+}	20	Tl^{3+}	31	W^{6+}	13
Sn^{4+}	16	*Tm^{3+}	18	Y^{3+}	12
Sr^{2+}	15	*U^{3+}	46	Yb^{2+}	20
Ta^{5+}	14	*U^{4+}	35	*Yb^{3+}	18
*Tb^{3+}	19	*U^{5+}	26	Zn^{2+}	10
*Tb^{4+}	17	U^{6+}	19	Zr^{4+}	10
Te^{2-}	70				

5.2. Moleküldiamagnetismus: Empirische Inkrementsysteme

Ein sehr frühes Anwendungsgebiet ist seit den klassischen Untersuchungen von PASCAL der Diamagnetismus von Molekülen mit kovalenten Bindungen, insbesondere von organischen Molekülen. Hier lag lange vor der Entwicklung quantenmechanischer Berechnungsmethoden ein umfangreiches und vor allem unter dem Gesichtspunkt der Additivität zusammengefaßtes Untersuchungsmaterial vor, das wir, bevor wir auf die theoretischen Aspekte eingehen, kurz zusammenstellen wollen: Das von Pascal von 1910 ab entwickelte und auch noch nach 1945 von Pacault verbesserte Inkrementsystem beruht auf dem aus der physikalischen Chemie wohlbekannten Prinzip der Aufteilung molekularer Größen auf der ein Molekül aufbauenden Atome:

$$\chi_M = n_1 \chi_1 + n_2 \chi_2 + n_3 \chi_3 + \ldots$$

Pascal stützte sich dabei auf die Meßergebnisse an chlorierten Kohlenwasserstoffen und auf die Suszeptibilität des flüssigen Chlors. Bedeutet Δ die Suszeptibilitätsdifferenz zwischen Kohlenwasserstoff und Monochlorderivat, so gilt

$$\chi_{\mathrm{H}} = \chi_{\mathrm{Cl}} - \Delta; \quad \chi_{\mathrm{C}} = \chi_{\mathrm{CH_2}} - 2\chi_{\mathrm{H}}$$

Auf solche Weise baute Pascal ein Atominkrementsystem auf. Allerdings mußte, wie bei der Molrefraktion und Moldispersion in vielen Fällen eine auftretende Abweichung („Exaltation") durch besondere Strukturelemente λ berücksichtigt werden

$$\chi_m = \sum_i \chi_{ai} + \sum_i \lambda_i$$

Am besten ist das Additivitätsprinzip, das dieser Verfahrensweise zugrunde liegt, bei den Paraffinkohlenwasserstoffen von einer bestimmten Kettenlänge (etwa C_5) ab erfüllt. Tab. 4 gibt eine Übersicht über die Suszeptibilität der CH_2-Gruppe in verschiedenen homologen Reihen und die additive Abweichung.

Den neuesten Stand dieses empirischen Pascal-Pacaultschen Systems gibt Tab. 5. Ein solches System erweist sich, auch wenn es zahlreiche Abweichungen aufweist, in folgenden Fällen als nützlich:

a) Durch Vergleich gemessener und berechneter Suszeptibilitäten kann man in einer Substanz paramagnetische Verunreinigungen feststellen.

Tabelle 4
Magnetische Suszeptibilität der CH_2-Gruppe

Jahr	Autor	χ_{CH_2}	Extremwerte	Fehler in %	Verbindungsklasse	Zahl der Verbindungen
1910	Pascal	11,86	11,5 – 12,5	1,5	11 Reihen	35
1927	Vaidyanathan	11,2			flüss. u. gasförm. org. Verbindung	
1929	Bitter	14,5	13,2 – 16,9	7,3	Kohlenwasserstoffe (gasförmig)	5
1934	Cabrera u. Fahlenbrach	11,48	11,08 – 12,13	2,3	Alkohole, Ester, Säuren	6
1934	Bhatnagar, Mitra u. Tuli	11,36	11,23 – 11,55	0,9	Stickstoffhaltige Verbindungen	20
1935	Gray u. Cruickshank	11,86				
1935	Woodbridge	11,67	11,25 – 12,06	2,1	Ester	4
1936	Bhatnagar u. Mitra	11,68	10,6 – 12,5	2,1	11 verschiedene Reihen	82
1937	Fahrquharson u. Sastri	11,64	11,39 – 11,86	1,6	Säuren	5
1943	Augus u. Hill	11,68	10,96 – 11,99	1,4	verschiedene homologe Reihen	27
1947	Broersma	11,37			(Kohlenwasserstoffe, Alkohole,	48
1951	Pascal, Pacault u. Hoarau	11,36			Ester Säuren)	36

Tabelle 5
Diamagnetismus-Inkremente nach PASCAL und PACAULT

Atome und Gruppen	χ
CH_2	11,36
H	2
C	7,36
O (Alkohole)	5,3
C=O (Aldehyde, Ketone)	6,4
$\overset{/O}{C=O}$ (Säuren)	15,15
S	16,9
N	9
Cl	18,5
Br	27,8
J	42,2

Strukturinkremente	λ
C=C	+ 5,5
CH_2	− 0,85
C≡C	+ 0,8
C=C−C=C	+ 10,6
N=N	+ 0,8
Benzolring	− 15,1
Furanring	− 10,92
Thiophenring	− 14,22

b) Mit Hilfe von Inkrementen kann man bei paramagnetischen Stoffen die durch den Diamagnetismus erforderliche Korrektur berechnen.

Man muß dabei bedenken, daß bis etwa 1930 die meisten magnetischen Meßvorrichtungen für die Bestimmung des Diamagnetismus nicht genügend genau waren. Infolgedessen sind viele Ergebnisse aus diesem Zeitraum heute nur mit großer Vorsicht zu verwenden. Mit der fortschreitenden Genauigkeit der magnetischen Daten vermehrten sich die molekularspezifischen Strukturelemente immer mehr. Dabei störte auch die Tatsache, daß diese Abweichungen atomphysikalisch nicht befriedigend erklärt werden konnten. Ein bekanntes Beispiel ist die positive Exaltation der Doppelbindung (s. Tab. 5). Man glaubte zuerst, diese Abweichung auf paramagnetische Anteile infolge eines Gleichgewichtes

zurückführen zu können. Danach sollte sich bei ungesättigten Verbindungen eine Temperaturabhängigkeit der Suszeptibilität ergeben. Diese konnte jedoch nicht nachgewiesen werden. Im Rahmen einer empirischen Inkrementsystematik kann, wie wir heute wissen, diese Frage nicht geklärt werden. Dies ist erst der quantenmechanischen Theorie des Diamagnetismus gelungen.

Die grundlegende Konzeption des PASCALschen Systems ist jedoch auch heute noch eine der fruchtbarsten Entwicklungen der Magnetochemie. Im Zusammenhang mit der quantenmechanischen Theorie eröffnet sie nämlich die Möglichkeit, eine universelle organische Strukturuntersuchungsmethode zu entwickeln. Wie in vielen Fällen erwiesen sich gerade die Fehler und Unstimmigkeiten des PASCALschen Systems als stimulierend für die weitere Entwicklung.

Eine quantenmechanische Theorie müßte vor allem die Erklärung geben für den Hauptgrund der Additivitätsabweichungen, der sich als sogenannter Nachbarbindungseffekt ausprägt und sich etwa so formulieren läßt: Der Diamagnetismus einer Elektronenpaarbindung zwischen den Atomen A und B wird wesentlich bestimmt durch Art und Zahl der anderen an A und B gebundenen Atome. Die Quantenmechanik konnte nun in der Tat die Ursache für diesen Nachbarbindungseffekt aufdecken. Es ist in erster Linie der van VLECKsche Paramagnetismus, der den Nachbarbindungseffekt verursacht. Um dies leichter einzusehen, ist jedoch folgendes zu beachten: Ein Atominkrementsystem ist, wie man heute weiß, der wirklichen Aufteilung der diamagnetischen Suszeptibilität in einem Molekül nicht angepaßt. So setzen sich z. B. im CH_4 die Beiträge der verschiedenen Elektronen des Moleküls folgendermaßen zusammen: Die 2 Rumpfelektronen des Kohlenstoffs tragen mit $\approx 1\%$, die 4 Bindungselektronenpaare mit $\approx 99\%$ zur Molekül-Suszeptibilität bei. Deshalb wurden auch für den Diamagnetismus empirische Bindungsinkremente vorgeschlagen. Am sinnvollsten und den wirklichen Verhältnissen am besten angepaßt wäre ein Inkrementsystem, das aus Atomrumpf- und Bindungsinkrementen zusammengesetzt ist. Ein solches System läßt sich allerdings nicht rein empirisch aufstellen, worauf BITTER bereits hinwies. Zum Beispiel würde sich für die aliphatischen Kohlenwasserstoffe ergeben:

$$\chi_{(C_nH_{2n+2})} = n\chi_{(C)} + (n-1)\chi_{(C-C)} + (2n+1)[\chi_{(H)} + \chi_{(C-H)}]$$

Dieser Ausdruck läßt sich auf die Gestalt

$$\chi_{(C_nH_{2n+2})} = nA + B$$

bringen, so daß sich also experimentell aus einzelnen Suszeptibilitätsmessungen an verschiedenen Gliedern der homologen Reihe nur zwei Größen (A und B) bestimmen lassen, während drei Unbekannte, nämlich

$$\chi_{(C)};\quad \chi_{(C-C)};\quad [\chi_{(H)} + \chi_{(C-H)}]$$

auftreten. Liefert jedoch die Theorie z. B. den Wert $\chi_{(C)}$ ($\chi_{(H)}$ ist naturgemäß gleich 0), so lassen sich die Bindungsinkremente der C—C-Bindung empirisch, unter Berücksichtigung des Nachbarbindungseffektes ermitteln.

Der Nachbarbindungseffekt wurde bereits von PASCAL bei Chloralkanen gefunden, aber nicht als allgemeine Gesetzmäßigkeit erkannt. Später wurden auf dem Nachbarbindungseffekt beruhende Erscheinungen auch bei stellungsisomeren Alkanen bemerkt und von PACAULT, TREW und ANGUS mit Hilfe theoretisch nicht begründeter

Strukturelemente für die CH_3-, CH_2- und CH-Gruppe berücksichtigt. Auch bei N- und S-haltigen Verbindungen treten Nachbarbindungseffekte auf.

Die in Tab. 6 erkennbaren χ_M-Differenzen bei Isomeren lassen sich folgendermaßen systematisch erfassen: Die Suszeptibilität χ einer C—H- oder C—C-Bindung beispielsweise wird durch weitere am C-Atom gebundene C-Atome erniedrigt. Bezeichnet man primäre, sekundäre tertiäre und quartäre C-Atome mit C_1, C_2, C_3 und C_4, so gilt für $(\chi_M)_{gesamt}$ von Isomeren:

$$\chi_{C_1-H} > \chi_{C_2-H} > \chi_{C_3-H}$$

$$\text{und } \chi_{C_1-C_2} > \chi_{C_2-C_2} > \chi_{C_3-C_3} > \chi_{C_4-C_4}$$

Tabelle 6

C_6H_{14}:	n-Hexan	74,3
	2,2-Dimethylbutan	76,24
	2-Methylpentan	75,26
C_7H_{16}:	n-Heptan	85,38
	2-Methylhexan	86,24
	2,2-Dimethyl-3-Methylbutan	88,36

Bei isomeren Verbindungen ist eine Zunahme von $\chi_M = \chi_d + \chi_p$ in erster Linie durch eine Abnahme von χ_p (bei konstantem χ_d) bedingt (χ_d und χ_p haben ja verschiedene Vorzeichen, und immer gilt : $|\chi_p| < |\chi_d|$). Offensichtlich zeichnet sich hier ein Weg ab, ein halbempirisches Inkrementsystem aufzubauen, das diesen Effekt berücksichtigt.

Bevor wir ein solches halbempirisches System näher erläutern, müssen wir jedoch noch auf die quantenmechanischen Grundlagen eines rein theoretischen Inkrementsystems eingehen.

5.3. Theoretische und halbempirische Diamagnetismusinkremente

Die ersten quantenmechanischen Berechnungen des Diamagnetismus von Molekülen wurden von van VLECK durchgeführt, der auch zeigte, daß der temperaturunabhängige Paramagnetismus verschwindet, wenn die Gesamtwellenfunktion eines Moleküls gegenüber einer Rotation invariant ist. In allen nicht zentralsymmetrischen Systemen ist der van VLECK-Paramagnetismus stets $\neq$ Null. Wie wir gesehen haben (s. S. 89) hängt sein numerischer Wert von der Wahl des Vektorpotential-Ursprungs ab, da das van VLECK-Glied in der SCHRÖDINGER-Gleichung mit Magnetfeld für sich allein nicht eichinvariant ist. Für das H_2-Molekül benutzten van VLECK und FRANK die Gleichung (6), S. 89, und extrapolierten aus Refraktionsmeßwerten $\nu(n, n')$ (ν = RYDBERG-Frequenz). Sie erhielten für χ_p 0,51. Da sich für den LANGEVIN-Diamagnetismus $\chi_d = 4{,}71$ ergibt, resultiert $\chi_{H_2} = 4{,}20$. Neuere quantenmechanische Berechnungen stimmen besser mit dem experimentellen Wert (4,0051) überein. HAMEKA erhielt z. B. $\chi_{H_2} = 4{,}045$. Weiterhin liegen in einfachen zweiatomigen Molekülen sowie in CH_4 und NH_4^+ quantenmechanische Berechnungen vor. Tab. 7 faßt einige Ergebnisse für CH_4 zusammen. HAMEKA wies darauf hin, daß auch dann, wenn beim CH_4 der C-Kern als Ursprung des Vektorpotentials gewählt wird, das χ_p-Glied bei einem appro-

Tabelle 7
Theoretische Werte für den Diamagnetismus von CH_4

Autor	Methode	Ergebnis
BANYARD	Zentralfeld-Wellenfunktion mit Austausch	26,3
COULSON	MO-Näherung	26,6
COULSON	HEITLER-LONDON-Näherung	27,7
BUCKINGHAM, MASSEY und TIBBS	HARTREE-self-consistent-field-Näherung	33,2
VENKATACHALAN und KABADI	HEITLER-LONDON-Näherung mit Berücksichtigung ionischer Anteile	21,11
MILLS	HARTREE-FOCK-Zentralfeld-Elektronendichte	28,4
MILLS	Modifizierte HARTREE-FOCK-Verteilung	29,0
Experimenteller Wert	(BARTER, MEISENHEIMER und STEVENSON)	17,4 ± 0,8

ximativen Abbruch der zu seiner Berechnung verwandten Reihenentwicklungen nicht gleich Null ist.

Sind die Moleküle noch komplizierter gebaut, werden die quantenmechanischen Näherungsrechnungen für χ_p immer ungenauer. Um trotzdem zu einer theoretisch sinnvollen Strukturinkrement-Systematik zu gelangen, ist es nötig, andere Wege einzuschlagen. Von diesen seien hier zwei für die Strukturchemie besonders interessante aufgezeigt.

Der eine Weg verfolgt die von PASCAL angegebene Richtung weiter. Kompliziertere Moleküle werden aus Einzelinkrementen additiv zusammengesetzt, allerdings in einer den quantenmechanischen Gegebenheiten besser angepaßten Form. Hier kann man sich nun wieder entscheiden, entweder ein rein theoretisches Atomrumpf- und Bindungsinkrement-System aufzustellen oder aber die Atomrumpf-Inkremente der Theorie zu entnehmen und die Bindungsinkremente dann empirisch abzuleiten (Inkrementsysteme von GUY-TILLIEU-BAUDET einerseits und HABERDITZL andererseits). Ein grundsätzlich anderer Weg wurde von DORFMAN eingeschlagen und wird im Kap. 5.5. dargelegt.

5.3.1. *Das System von* GUY-TILLIEU-BAUDET

In den Tab. 8—11 sind nach BAUDET die Atomrumpf-Inkremente, die Inkremente freier Elektronenpaare und die Bindungs-Inkremente für Kohlenstoffverbindungen angegeben. Die Berechnung erfolgt nach der in Kap. 4.4.4. angegebenen Methode. Die Eigenfunktion einer Elektronenpaar-Bindung $A-B$ erhält BAUDET aus den Atomfunktionen der Atome A und B mit Hilfe der Beziehung

$$\Psi_0 = N(\Psi_{0A} + \lambda \Psi_{0B}).$$

N = Normierungsfaktor; λ = ein der Elektronegativitätsdifferenz von A und B proportionaler Koeffizient.

Tabelle 8
Gesamtsuszeptibilitäten der Rumpfelektronen abgeschlossener s-, p- und d-Schalen einiger Atome

	$\chi = \chi_d + \chi_p$						
Atom	$1s^2$	$2s^2$	$2p^6$	$3s^2$	$3p^6$	$3d^{10}$	$\Sigma\chi$
C	0,15						0,15
N	0,105						0,105
O	0,08						0,08
Cl	0,017	0,29	0,46				0,77
Br	0,004	0,05	0,08	0,36	0,54	3,07	4,10

Mit Hilfe guter Atomnäherungsfunktionen (z. B. nach Slater, Coulson) und experimenteller Koordinatenwerte lassen sich die Integrale in Gleichung (7), S. 95),

Tabelle 9
Suszeptibilitäten freier Elektronenpaare einiger Atome bei verschiedenen Hybridisierungszuständen (μ gibt den Hybridisierungsgrad an)

Atome	μ	$\chi = \chi_d + \chi_p$
N	1	2,22
	1,732	2,43
O	1,414	1,73
	1,732	1,78
Cl	0	5,37
	1,732	4,13
		2,58
Br	0	8,45
	1,732	7,46

verhältnismäßig leicht berechnen. Tab. 8 zeigt die Suszeptibilitäten der Atomrumpf-Elektronen abgeschlossener s-, p- und d-Orbitale einiger Atome. Tab. 9 zeigt die Suszeptibilitäten der nicht an Bindungen beteiligten Elektronenpaare für verschiedene Hybridisierungszu-

Tabelle 10
Gesamtsuszeptibilitäten eines bindenden Elektronenpaars in der Bindung $A - B$
(μ_A und μ_B geben den Hybridisierungsgrad der Atome A bzw. B an)

$A - B$	μ_A	μ_B	$\chi = \chi_d + \chi_p$
C−H	1	0	3,33
	1,414	0	3,74
	1,732	0	4,05
C−C	1	1	2,38
	1,414	1	2,47
	1,732	1	2,91
	1,414	1,414	2,60
	1,732	1,414	3,01
	1,732	1,732	3,10
C−N	1	1	2,37
	1,732	1,732	3,15
C−O	1,414	1,414	2,55
	1,414	1,732	2,51
	1,732	1,732	2,73
N−H	1,732	0	3,63
O−H	1,732	0	3,34

stände und Tab. 10 die Suszeptibilitäten eines Bindungselektronenpaars zwischen den Atomen A und B. Die bei Mehrfachbindungen auftretenden Suszeptibilitäten eines

Tabelle 11
Suszeptibilitätsanteil der π-Elektronenpaare in Mehrfachbindungen

Bindung	$\chi = \chi_d + \chi_p$
C=C	3,42
C≡C	4,94
C=N	3,44
N=N	2,35
C=O	3,05

π-Elektronenpaars sind in Tab. 11 angegeben. Tab. 12 orientiert über die Leistungsfähigkeit der BAUDETschen Berechnungen für verschiedene Verbindungsklassen.

Es sei noch erwähnt, daß POPLE ein MO-Verfahren entwickelt hat, das auf Grund von teilweise erheblichen Vereinfachungen eine Aufteilung in Atominkremente versucht. Er erhält mit

HÜCKELschen oder LONDONschen Näherungen für die Atomsuszeptibilitäten χ_d und χ_p-Glieder, welche die Komponenten der Ladungsdichte (im χ_d- und χ_p-Glied) und Bindungsordnungs-Matrizen (im χ_d-Glied) enthalten. Die Ergebnisse sind wenig befriedigend. Hameka weist darauf hin, daß im Ausdruck für χ_p eine Vernachlässigung der interatomaren Zweizentren-Integrale nicht statthaft ist. Dies zeigt sich empirisch in den Nachbarbindungseffekten.

Im folgenden seien zwei Berechnungsbeispiele nach BAUDET gegeben

1. Beispiel

(1-Hexen) $CH_2{=}CH{-}CH_2{-}CH_2{-}CH_2{-}CH_3$

6(C)	$= 0{,}15 \cdot 6 =$	0,90
3 Bindungen $C(sp^3){-}C(sp^3)$	$= 3{,}10 \cdot 3 =$	9,30
1 Bindung $C(sp^3){-}C(sp^2)$	$= 3{,}01 \cdot 1 =$	3,01
1 Bindung $C(sp^2){-}C(sp^2)$	$= 2{,}60 \cdot 1 =$	2,60
9 Bindungen $C(sp^3){-}H$	$= 4{,}05 \cdot 9 =$	36,45
3 Bindungen $C(sp^2){-}H$	$= 3{,}74 \cdot 3 =$	11,22
Suszeptibilität der π-Bindung	$= 3{,}42 \cdot 1 =$	3,42
	$\chi_{C_6H_{12}}$	= 66,90
	$\chi_{exp.}$	66,71

2. Beispiel

(Methyl-Äthylketon)

$CH_3{-}CO{-}CH_2{-}CH_3$

4 C	= 0,60
1 O	= 3,64
8 C—H	= 32,40
1 C—C	= 3,10
2 C^+—C	= 6,02
1 C^+—O	= 2,55
1 C—π—O	= 3,05
	51,36

Theorie: $\chi_M = 51{,}36$

Experiment: $\chi_M = 45{,}6$

Im zweiten Berechnungsbeispiel wurden für die Bindungsinkremente folgende Abkürzungen benutzt:

C(sp^3)–C(sp^3):	C–C
C(sp^3)–H:	C–H
C(sp^2)–C:	C⁺–C
C(sp^2)–O:	C⁺–O
C–O–π-Bindung:	C–π–O

5.3.2. *Das halbempirische Inkrementsystem* (Haberditzl)

Dieses System versucht den auf S. 107 erwähnten Nachbarbindungseffekt halbempirisch in ein theoretisches System einzubauen. Dies gelingt am besten auf folgendem Wege:

a) Für Rumpfelektronen (und freie Elektronenpaare) werden quantenmechanisch berechnete Inkremente verwendet, die in vielen Fällen als genauer angesehen werden können als empirische Werte.

b) Mit Hilfe der gemäß Punkt a) berechneten Inkremente werden Bindungselektronen-Inkremente unter Berücksichtigung des Nachbarbindungseffekts empirisch ermittelt, da Einelektronen-Näherungen zwar χ_d aber nicht χ_p mit genügender Genauigkeit zu berechnen gestatten.

Eine Reihe von Berechnungsbeispielen mit Hilfe eines so entwickelten Systems, von dem Tab. 13 eine Gesamtübersicht gibt, finden wir im nächsten Abschnitt.

5.4. *Organische Struktur-Diamagnetochemie*

5.4.1. *C–C- und C–H–σ-Bindungen (Kohlenwasserstoffe mit sp^3-Hybrid-Bindungen)*

Die Berechnungsweise mit Hilfe des halbempirischen Inkrementsystems verdeutlichen am besten folgende drei Beispiele:

```
                                  C
                                  |
a) 2-Dimethyl-Butan          C—C—C—C
                                  |
                                  C
```

(experimenteller Wert 76,24)

12 $C_1—H$	50,4
2 $C_2—H$	7,6
3 $C_1—C_4$	10,2
1 $C_2—C_4$	3,3
1 $C_1—C_2$	3,6
6 C	0,9
	76,0

b) n-Hexan C—C—C—C—C—C

(experimenteller Wert 74,3)

6 $C_1—H$	25,2
8 $C_2—H$	30,4
2 $C_1—C_2$	7,2
3 $C_2—C_2$	10,8
6 C	0,9
	74,5

```
                                C
                                |
c) 2-Methyl-Pentan         C—C—C—C—C
```

(experimenteller Wert 75,26)

9 $C_1—H$	37,8
4 $C_2—H$	15,2
1 $C_3—H$	3,5
2 $C_1—C_3$	7,2
1 $C_2—C_3$	3,4
1 $C_2—C_2$	3,6
1 $C_1—C_2$	3,6
6 C	0,9
	75,2

Tabelle 12

Verbindung	χ_M exp	χ_M halbempir	χ_M Tillieu-Baudet
Methan	17,6	16,95	16,35
Äthan	27,1	29,1	27,7
Propan	40,5	40,45	39,05
n-Butan	51,0	51,8	50,4
n-Pentan	63,05	63,15	61,75
n-Hexan	73,3	74,5	73,10
n-Heptan	85,38	85,85	84,45
n-Oktan	96,93	97,20	95,80
n-Nonan	108,13	108,55	107,15
n-Dekan	119,51	119,90	118,50
n-Undekan	131,8	131,25	129,85
2,2-Dimethyl-butan	76,24	76,0	73,1
2-Methylpentan	75,26	75,2	73,1
2-Methylhexan	86,24	86,55	84,45
2,2-Dimethyl-3-Methylbutan	88,36	88,25	84,45
2,2-Dimethyl-4-Methylpentan	99,1	99,4	95,8
Adamantan	94,3	94,7	103,5
Methylcyclo-hexan	78,9	79,95	79,45
Dekalin	106,7	107,8	108,5
Cyclopropan	39,7	34,05	33,6
Cyclobutan	40,5	45,4	44,8
Cyclopentan	57,0	56,75	56,0
Cyclohexan	66,9	68,1	68,16
Cycloheptan	73,9	79,45	78,4

Wie man aus diesen Beispielen entnehmen kann, werden die geringen Unterschiede bei isomeren Molekülen sehr gut wiedergegeben. Weitere Beispiele für die ausgezeichnete Übereinstimmung bei Isomeren, die in allen Fällen innerhalb der Meßgenauigkeit liegt, finden sich in Tab. 12. Es gibt praktisch keinen Kohlenwasserstoff, bei dem theoretischer und experimenteller Wert um mehr als 1% differiert (Ausnahme: zyklische Verbindungen).

Interessant ist der von Altenburg gefundene lineare Zusammenhang zwischen Suszeptibilität und quadratischem Mittelwert des Trägheitsradius isomerer Alkane.

Um so kleiner letzterer ist, um so größer ist die Suszeptibilität. Dies spricht natürlich ebenfalls dafür, daß mit isolierten C—C- und C—H-Inkrementen allein der Moleküldiamagnetismus niemals exakt berechnet werden kann und weist auch darauf hin, daß zwischen Nachbarbindungseffekt (also Verzweigungsgrad) und damit Molekülradius und Trägheitsmoment einerseits, sowie van VLECK-Paramagnetismus andererseits ein enger Zusammenhang besteht.

Es sei darauf hingewiesen, daß die C—C- und die C—H-Bindungen sowohl infolge des van VLECK-Paramagnetismus χ_p (der nur senkrecht zur Bindungsachse ungleich 0 ist) als auch durch den teilweise erheblichen Unterschied des LANGEVIN-Diamagnetismus χ_d in z- und x- (oder y-) Richtung (z-Achse = Bindungsachse) magnetisch anisotrop sind. Diese Anisotropie $\Delta\chi = \Delta\chi_d + \chi_p$ kann auch mit Hilfe der kernmagnetischen Abschirmungskonstanten abgeschätzt werden (so z. B. ZÜRCHER, der für $\Delta\chi_{C-C}$ 1,95 als Minimum erhält, während TILLIEU 1,21 (mit COULSON-Koeffizienten) bzw. 0,32 (mit SLATER-Koeffizienten) berechnet). Die Anisotropie wächst mit dem Anteil des van VLECK-Paramagnetismus an der Bindungssuszeptibilität. Nach den Berechnungen von BAUDET ergibt sich folgende relative Zuordnung (Bindungen nach steigendem $\Delta\chi$ geordnet):

$$\text{C—H} < \text{C—F} < \text{C—Cl} < \text{C—Br} < \text{C—S}$$

$$\text{bzw. C—O} < \text{C—N} < \text{C—C (für } \sigma\text{—sp}^3\text{-Bindungen)}$$

Anisotropie und relativer Anteil des van VLECK-Paramagnetismus χ_p gehen annähernd parallel mit dem Quadrat des Atomabstandes.

Mit Hilfe der TILLIEUschen Berechnungen für den van VLECK-Paramagnetismus $\chi_{p_{xx}} = \chi_{p_{yy}}$ (die bei Verwendung von COULSON- bzw. SLATER-Funktionen allerdings sehr divergieren) und unseren halbempirischen C—C- und C—H-Inkrementen lassen sich $\overline{\chi_p}$ und $\overline{\chi_d}$

für die C—C- und C—H-Bindungen wie folgt abschätzen:

Bei Verwendung von χ_p-Werten, die aus den mit SLATER- bzw. COULSON-Funktionen berechneten Werten gemittelt sind, ergibt sich für die C_1—C_1-Bindung $\overline{\chi_p} \approx +0,4$ und $\overline{\chi_d} \approx 4,0$. χ_p nimmt durch den Nachbarbindungseffekt zu, und zwar bis zu $\approx 1,2$ bei der C—C-(Diamant)-Bindung. Für die C_1—H-Bindung ergibt sich eine entsprechende Abschätzung: $\overline{\chi_p} \approx +0,7$, $\overline{\chi_d} \approx -4,9$. χ_p nimmt wiederum durch den Nachbarbindungseffekt bis auf den doppelten Wert für die C_3—H-Bindung zu:

	χ_d	χ_p
C_1—H	4,9	0,7
C_2—H	4,9	1,1
C_3—H	4,9	1,4

5.4.2. *C—O—σ-Bindungen (Alkohole und Äther mit einfachen sp^3-Hybrid-Bindungen)*

Berechnungsbeispiele

1. Beispiel: H_2O (experimenteller Wert 12,96)

2 O_0—H	9,4
1 O	3,6
	13,0

(PASCALsches System; 9,3; BAUDET: 10,32)

Hier zeigt sich der Nachbarbindungseffekt besonders deutlich. Für das H_2O-Molekül hat BAUDET deshalb auch den Einfluß des Bindungswinkels HOH auf die Suszeptibilität diskutiert und mit Hilfe COULSON-DUNCANSONscher Atomfunktionen seinen Wert auf 12,2 erhöhen können, so daß also immer noch ein Fehler von 5,8% verbleibt.

2. Beispiel:

C_2H_5OH	(experimenteller Wert 33,72)
3 C_1—H	12,6
2 C_2—H	7,6
1 C—$C_2(O_1)$	4,6
1 C—O_1	1,8
1 O_1—H	3,3
2 C	0,3
1 O	3,6
	33,8

3. Beispiel:

CH_3—CHOH—CH_3	(experimenteller Wert 47,6)
6 C_1—H	25,2
1 C_3—H	3,5
2 C—$C_3(O_1)$	9,2
1 C—O_1	1,8
1 O_1—H	3,3
3 C	0,45
1 O	3,6
	47,05

Besonders interessante Ergebnisse zeigte die Untersuchung vor allem der mehrwertigen Alkohole, bei denen das PASCAL-PACAULTsche System große Abweichungen aufweist. Es ergab sich nämlich ein Nachbarbindungseffekt in umgekehrter Richtung: Wird ein an einer C—C-Gruppe gebundenes C-Atom durch eine OH-Gruppe ersetzt, so erhöht sich im allgemeinen der Diamagnetismus. Dies spricht dáfür, daß ein — sicher nicht nur indirekter — Zusammenhang zwischen Nachbarbindungseffekt und Größe des nachbargebundenen Atoms besteht.

Tabelle 13

Übersicht über neue Atomrumpf- und Bindungs-Inkremente

Atomrumpf-Inkremente:					
Atom	χ	Atom	χ	Atom	χ
C	0,15	F	5,0	Br	20,0
O	3,6	Cl	12,5	J	36,0
N	2,4				

Bindungsinkremente [*]:					
Gruppe	χ	Gruppe	χ	Gruppe	χ
C_1-H	4,2	C_1-C_1	3,6	C_3-C_3	3,3
C_2-H	3,8	C_1-C_2	3,6	C_2-C_4	3,3
C_3-H	3,5	C_1-C_3	3,6	C_3-C_4	3,3
C_1-C_4	3,4	C_2-C_2	3,6	C_4-C_4	3,3
C_2-C_3	3,4				
C_1^*-H	3,6	$C-C^*$	2,6	$C_1 \pi C_2$	3,4
C_2^*-H	3,2	C^*-C^*	2,4	$C_2 \pi C_2$	2,2
				$C_1 \pi C_3$	2,2
O_0-H	4,7	$C-O_1$	1,8	$C-C_2(O_1)$	4,6
O_1-H	2,3	$C-O_2$	1,7	$C-C_3(O_1)$	4,6
				$C(O_1)-C(O_1)$	5,7
$C_3^*=O^*$	0,2	$C_2^*(O)=O^*$	1,8		
$C_2^*=\dot{O}^*$	0,6	$C_3^*(O)=O^*$	1,8		
$C_1^*=O^*$	4,3				
$O(C=O)$-H	3,6	$C^*(O)-O$	4,0	C^*-O_1	1,5
C_1-Cl	8,1	C_1-Br	8,1	C_1-J	8,1
C_2-Cl	8,1	C_2-Br	8,1	C_2-J	8,1
$C_2(Cl_2)-Cl$	6,9	$C_1(Cl)-H$	3,8	$C(Cl)-F$	3,1
$C_3(Cl_3)-Cl$	5,9	$C_2(Cl)-C_2(Cl)$	2,8	$C(Cl_2)-F$	1,5
$C_4(Cl_4)-Cl$	4,2				
N_0-H	5,3	C_1-N_1	4,8	C_2-N_2	2,2
N_1-N	3,5	C_2-N_1	2,7	C_2-N_3	2,2
N_2-H	1,8			$C_2(N)-C_2(N)$	6,6

[*] Der Index gibt die Zahl der an das betreffende Atom gebundenen C-Atome an; handelt es sich um andere gebundene Atome oder Gruppen, so sind diese in Klammern angegeben. „*" bedeutet sp^2-Hybridisierung, „π" ein π-Bindungs-Elektronenpaar.

Tab. 14 gibt eine Übersicht über experimentelle und theoretische Werte dieser Stoffgruppe.

Tabelle 14

	Experiment	Theoretische Werte *) *H*	*P*	*T*
H_2O	12,96	13,0	9,3	10,32
CH_3OH	21,4	21,45	21,51	22,01
C_2H_5OH	33,72	33,8	34,87	33,36
$n-C_3H_7OH$	45,2	45,15	46,23	44,71
$n-C_4H_9OH$	56,3	56,5	57,59	56,06
$n-C_5H_{11}OH$	68,0	67,85	68,95	67,41
$n-C_6H_{13}OH$	79,2	79,2	80,31	79,76
$n-C_7H_{15}OH$	91,7	90,55	91,67	91,11
$n-C_8H_{17}OH$	101,5	101,9	103,03	102,46
$CH_2OH-CH-CH_3$ | CH_3	57,8	57,6	56,44	56,06
$CH_3-CH-CH_3$ | OH	47,6	47,05	45,08	44,71
$CH_3CH_2-O-CH_2-CH_3$	55,1	55,2	56,44	56,40
$CH(CH_3)_2-O-CH(CH_3)_2$	79,4	79,7	80,96	79,1
$C(CH_3)_3OH$	57,3	57,3	57,29	56,06
CH_2OH-CH_2OH	38,8	38,6	37,32	39,02
$CH_2OH-CHOH-CH_2OH$	57,1	56,75	53,98	56,02

*) Es bedeuten: *H*: nach HABERDITZL
P: nach PASCAL-PACAULT
T: nach TILLIEU-BAUDET

5.4.3. *C—C-Bindungen mit trigonaler Hybridisierung (Kohlenwasserstoffe mit Doppelbindungen)*

Beispiele:

$$CH_2{=}\overset{\overset{\displaystyle CH_3}{|}}{C}-\overset{\overset{\displaystyle CH_3}{|}}{C}{=}CH_2$$

(experimenteller Wert: 57,2)

6 C_1-H	25,2
4 C_1^+-H	14,4
3 C^+-C^+	7,2
2 $C_1\pi C_3$	4,4
2 $C-C^+$	5,2
6 C	0,9
	57,3

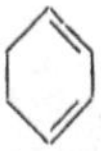 Cyclohexadien

(experimenteller Wert: 48,6)

4 C_2-H	15,2
4 C_2^+-H	12,8
1 C_2-C_2	3,6
2 $C-C^+$	5,2
3 C^+-C^+	7,2
2 $C_2\pi C_2$	4,4
6 C	0,9
	49,3

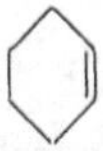 Cyclohexen

(experimenteller Wert: 57,5)

8 C_2-H	15,2
2 C_2^+-H	12,8
3 C_2-C_2	10,8
2 $C-C^+$	5,2
1 C^+-C^+	2,4
1 $C_2\pi C_2$	2,2
6 C	0,9
	58,3

5.4.4. Verbindungen mit sp^2-hybridisierten O-Bindungen (Aldehyde, Ketone, Säuren)

Beispiele:

a) $HC(=O)H$ (experimenteller Wert 15,7)

2 C_1^+-H	7,2
1 $C_1^+=O^+$	4,3
1 O	3,6
1 C	0,15
	15,25

b) $CH_3-C(=O)-CH_3$ (experimenteller Wert 34,05)

6 C_1-H	25,2
2 $C-C^+$	5,2
1 $C_3^+=O$	0,2
3 C	0,45
1 O	3,6
	34,65

c) $CH_3-C\begin{array}{l}{}^{/\!/ O}\\ {}_{\backslash OH}\end{array}$ (experimenteller Wert 31,8)

3	C_1-H	12,6
1	$C-C^+$	2,6
1	$C_3^+(O)=O$	1,8
1	$C^+(O)-O$	4,0
1	$O(C=O)-H$	3,6
2	C	0,3
2	O	7,2
		32,1

Es zeichnet sich hier besonders charakteristisch der schon erläuterte negative Nachbarbindungseffekt bei Einführung von Nachbaratomen mit größerem Kovalenzradius (C statt H bei $C_1^+=O^+ \rightarrow C_2^+=O^+ \rightarrow C_3^+=O^+$) und der positive Nachbarbindungseffekt bei Einführung von OH-Gruppen ab. Sicher spielen für diese Effekte bei den Carbonylverbindungen auch noch andere Einflüsse eine Rolle, eventuell auch H-Brücken und Keto-Enol-Tautomeriegleichgewichte. Daß die C=O-Gruppe im Säurerest einen höheren Diamagnetismus als z. B. in Ketonen besitzt, ist wahrscheinlich auch auf teilweise π-Elektronendelokalisierung in der mesomeren Carboxylgruppe zurückzuführen. Darauf weist auch die starke Anisotropie z. B. der Dicarbonsäuren hin. Es ist weiterhin zu beachten, daß die „saure" O_1-H-Bindung ein etwas höheres Inkrement besitzt als die alkoholische. Ein Vergleich mit den quantenmechanischen Berechnungen zeigt, daß diese für die C=O-Bindung ein viel zu hohes Inkrement ergeben. Nach BAUDET ergibt sich für die $C^+-C^+-\sigma$-Bindung 2,55 und für die $C\pi O$-Bindung 3,05, also zusammen für die C=O-Bindung 5,6. Infolgedessen errechnen sich mit den Inkrementen BAUDETS völlig abweichende Werte, wie Tab. 15 zeigt. In dieser Stoffgruppe macht sich die Außerachtlassung des Nachbarbindungseffektes am stärksten bemerkbar.

Tabelle 15

	Experiment	*H*	*P*	*T*
H–CHO	15,2	15,25	10,4	16,87
CH_3–CHO	22,7	22,9	22,61	28,44
C_2H_5–CHO	34,3	34,25	33,97	39,79
C_3H_7–CHO	46,1	45,6	45,33	51,14
C_5H_{11}–CHO	69,4	69,3	68,05	73,84
CH_3COCH_3	34,05	34,65	34,82	40,01
$CH_3COC_2H_5$	45,6	46,0	46,18	51,36
$CH_3COC_3H_7$	57,4	57,35	57,54	62,71
$CH_3COC_4H_9$	69,1	69,7	68,90	74,06
$C_2H_5COC_4H_9$	80,7	81,05	80,26	85,41
$CH_3COC_6H_{13}$	92,1	92,4	91,62	96,76
H–COOH	19,9	19,95	19,15	20,58
CH_3–COOH	31,8	32,1	31,36	34,19
C_2H_5–COOH	43,4	43,45	42,72	45,54
C_3H_7–COOH	55,1	54,8	54,08	56,89
C_4H_9–COOH	66,85	66,15	65,44	68,24
C_5H_{11}–COOH	78,2	77,5	76,80	79,59
C_6H_{13}–COOH	88,6	88,85	88,16	90,94
Äthylacetat	54,2	54,3	54,93	57,23
Methylformiat	30,9	30,8	30,36	31,94
Äthylformiat	42,5	42,15	41,72	43,30
Bernsteinsäureanhydrid	47,5	47,0	44,27	46,86

5.4.5. *Verbindungen mit Kohlenstoff-Halogen-Bindungen*

Beispiele:

a) CH_3Cl (experimenteller Wert 32,0)

3 $C_1(Cl)$—H	11,4
1 C_1—Cl	8,1
1 C	0,15
1 Cl	12,5
	32,15

b) CF_3COOH (experimenteller Wert 43,3)

3 C—F	9,3
1 C—C+	2,6
1 $C_3^+(O)=O$	1,8
1 $C^+(O)-O$	4,0
1 O_1-H	3,3
2 C	0,3
2 O	7,2
2 F	15,0
	43,5

c) CCl_4 (experimenteller Wert 66,8)

4 $Cl_4(Cl_4)-Cl$	16,8
4 Cl	50,0
1 C	0,15
	66,95

d) CH_2Cl-CH_2Cl (experimenteller Wert 59,5)

4 C_2-H	15,2
1 $Cl_2(Cl)-C_2(Cl)$	2,8
2 C	0,3
2 Cl	25,0
2 C_2-Cl	16,2
	59,5

Charakteristisch für diese Stoffgruppe ist einmal der große Anteil, den das relativ große Halogenatom zum Diamagnetismus beiträgt, und andererseits der besonders starke Nachbarbindungseffekt, der nach den bisherigen Erfahrungen sicherlich durch den großen Kovalenzradius des Halogens bedingt ist (s. auch Tab. 16).

Die Größe der Halogenatome bringt es mit sich, daß auch der Fehler bei der quantenmechanischen Berechnung des Atom-Diamagnetismus (Rumpf-Diamagnetismus von Elektronen und freien Elektronenpaaren der Valenzschale) entsprechend höher liegt.

Tabelle 16

	Experiment	*H*	*P*	*T*
CH_3Cl	32,0	32,15	32,71	29,74
C_2H_5Cl	45,0	44,7	44,07	41,09
C_3H_7Cl	56,1	56,05	55,43	52,44
C_4H_9Cl	67,1	67,4	66,79	63,79
CH_2Cl_2	46,6	46,55	48,36	43,13
$CHCl_3$	58,8	58,85	64,86	56,52
CCl_4	66,8	66,95	81,36	69,91
CH_2Cl-CH_2Cl	59,5	59,5	59,72	54,48
C_4H_9Br	75,5	75,6	76,05	74,49
C_4H_9J	91,8	91,6	91,65	90,74
CF_3Cl	45,3	45,05	42,76	36,25
CF_3COOH	43,3	43,5	40,66	40,70

Man beachte, daß sich der Nachbarbindungseffekt für alle Bindungen in der erwarteten Richtung bemerkbar macht. Bei der $C_2(Cl)-C_2(Cl)$-Bindung bewirkt er umgekehrt wie bei der $C_2(OH)-C_2(OH)$-Bindung eine Erniedrigung. Es sei angemerkt, daß die F-Inkremente noch unsicher sind, da über den Diamagnetismus von F-haltigen Verbindungen noch sehr wenig experimentelles Material vorliegt. Vor allem sind monofluorierte Alkane noch nicht vermessen worden, so daß die angegebenen Werte durch Nachbarbindungseffekte verfälscht sein können.

5.4.6. *Verbindungen mit σ—C—N-Bindungen*

Beispiele:

a) CH_3NH_2 (experimenteller Wert 27,0)

3 C_1-H	12,6
1 C_1-N_1	4,8
2 N_1-H	7,0
1 C	0,15
1 N	2,4
	26,95

b) NH_3 (experimenteller Wert 18,24)

3 N_0—H	15,9
1 N	2,4
	18,3

c) CH_3—CH_2—N—CH_2—CH_3 (Triäthylamin)
|
CH_2
|
CH_3

(experimenteller Wert 81,4)

9 C_1—H	37,8
6 C_2—H	22,8
3 C_1—C_2	10,8
3 C_2—N_3	6,6
6 C	0,9
1 N	2,4
	81,3

5.4.7. Molekulare Ringströme

Wie schon lange bekannt ist, besitzen Aromaten zwei Besonderheiten des Diamagnetismus:

a) Aromaten sind magnetisch stark anisotrop. Dabei ist die Suszeptibilität χ_3 senkrecht zur Ringebene größer als die beiden in der Ringebene gemessenen Suszeptibilitäten χ_1 und χ_2 ($\chi_1 \approx \chi_2$).
b) Die mittlere Suszeptibilität ist höher als theoretisch oder empirisch abgeleitete Inkrementsysteme erwarten lassen.

$$\bar{\chi}_M = \frac{1}{3} (\chi_1 + \chi_2 + \chi_3)$$

Die erste Besonderheit kann experimentell nur in wenigen Fällen, nämlich anhand genügend großer Einkristalle, belegt werden. Nach Pauling und London trägt nur χ_3 zu dem erhöhten mittleren Diamagnetismus bei. χ_3 enthält nämlich den Diamagnetismus der einen molekularen Ringstrom bildenden delokalisierten π-Elektronen des aromatischen Systems. Die quantenmechanische Theorie dieses Ringstrom-Diamagnetismus ist insbesondere von REBANE, McWEENY und POPLE weiterentwickelt worden.

LONDON erhielt mit den eichinvarianten Wellenfunktionen der Gleichung (3), S. 91, mit HÜCKELschen Näherungen die Säkulargleichung:

$$\sum c_k \left[\eta_{k,l}\beta_{\exp}\{2\pi i f_{k,l}\} + \delta_{k,l}(\alpha - E)\right] = 0$$

$$\eta_{k,l} = \begin{cases} 1, \text{ wenn } k \text{ Nachbar von } l \\ 0, \text{ wenn } k \text{ nicht Nachbar von } l; \end{cases} \quad \delta_{k,l} = \begin{cases} 1 \text{ für } k = l \\ 0 \text{ für } k \neq l; \end{cases}$$

α, β = COULOMB- bzw. Austauschintegral;

$f_{kl} = \frac{e}{hc} \cdot \mathfrak{H} \cdot S_{kl}$; S_{kl} = Fläche des Dreiecks, daß durch k, l und Vektorpotential-Ursprung gebildet wird; k, l indizieren die Atome der Linearkombination.

Die LONDONsche Methode liefert für verschiedene kondensierte Aromaten befriedigende, aber doch nicht sehr genaue Näherungen. Eine Elektronengas-Methode (Kastenmodell) wurde erstmals von SCHMIDT eingeführt und später auch von REBANE benutzt. Einelektronennäherungen reichen jedoch auch hier keineswegs aus, und empirische oder halbempirische Ableitungen sind nicht zu entbehren.

Mit dem halbempirischen Inkrementsystem der Tab. 13 ergibt sich für Benzol $\chi_M = 41{,}1$ (experimentell: 54,8). (Zum Vergleich sei 1,3-Cyclohexadien angeführt: $(\chi_M)_{\text{ber}} = 49{,}3$; $(\chi_M)_{\exp} = 48{,}6$.) Die π-Elektronenkonjugation liefert beim Benzol also einen Mehrbetrag $\Delta\chi = 13{,}7$. Ordnet man diesen Betrag als Benzol-Inkrement in das System ein, so sind die Suszeptibilitäten aller aromatischen Verbindungen berechenbar. Tab. 17 zeigt die Übereinstimmung zwischen Experiment und Berechnung bei Aromaten, die in den meisten Fällen trotz der zu erwartenden Beeinflussung des LONDON-Diamagnetismus durch Substituenten befriedigend ist. Gut ist die Übereinstimmung auch bei mehrkernigen, nichtkondensierten aromatischen Systemen und überraschend gut vor allem bei kondensierten Aromaten, bei denen sicherlich keine isolierten Ringstromsysteme in den einzelnen formalen Ringen vorliegen.

Beispiele:

a)

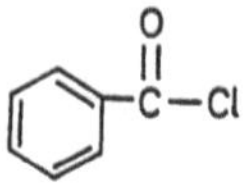

(experimenteller Wert 77,9)

1 (C_6H_5)	51,6
1 $C^{\otimes}$ —C	2,6
1 C	0,15
1 $C_3^{\otimes}$—O	0,2
1 $C^{\otimes}$—Cl	8,1
1 Cl	12,5
1 O	3,6
	78,75

b) Triphenylmethan

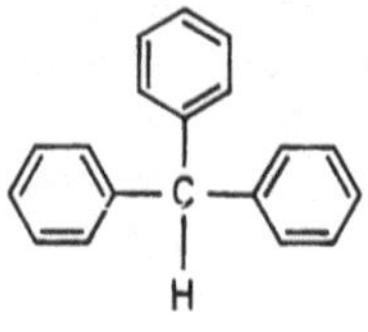

(experimenteller Wert 167,6)

3 (C_6H_5)	154,8
3 C_2—$C^{\otimes}$	7,8
1 C_3—H	3,5
1 C	0,15
	166,25

c) Naphthalin

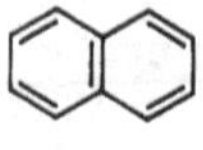

(experimenteller Wert 91,90)

8 $C_2^{\otimes}$—H	25,6
11 $C^{\otimes}$ —$C^{\otimes}$	26,4
5 $C_2^{\otimes}\pi C_2^{\otimes}$	11,0
10 C	1,5
2 	27,4
	91,9

Tabelle 17
Experimentelle und unter Berücksichtigung des Ringstrom-Diamagnetismus berechnete Molsuszeptibilitäten von Aromaten

Verbindung	$(\chi_M)_{exp}$	$(\chi_M)_{ber}$
Toluol	65,6	66,95
o-Xylol	77,8	79,1
Phenol	59,3	60,0
Anilin	62,5	62,5
N-Äthylanilin	85,9	83,6
N.N-Dimethylanilin	86,0	85,6
o-Toluidin	74,4	74,7
Diphenylamin	107,1	110,4
Benzidin	115,2	121,0
o-Aminophenol	66,1	67,7
o-(N-Methylamino)phenol	75,7	78,8
o-(N-Äthylamino)phenol	88,9	90,2
o-(N-Butylamino)phenol	112,2	112,9
N.N'-Äthylen-bis(o-aminophenol)	154,8	154,6
N.N'-Hexamethylen-bis(o-aminophenol)	198,2	196,7
o-(N-Phenylamino)phenol	119,3	116,9
o-(p-Tolylamino)phenol	128,4	129,1
N.N'-o-Phenylen-bis(o-aminophenol)	179,0	179,0
Benzonitril	65,2	65,0
1-Cyan-2-phenylacetylen	78,2	78,2
Phenylessigsäurenitril	76,9	77,1
Salicylsäure	75,98	76,0
Salicylsäuremethylester	86,84	86,85
Salicylsäureäthylester	98,60	98,20
Naphthalin	91,90	91,9
Anthracen	131,0	129,0
Naphthacen	167,0	166,1
Biphenyl	106,0	105,6
Triphenylmethan	167,6	166,25

Der Diamagnetismus eines kondensierten Systems mit n Benzolkernen setzt sich additiv aus normalen Bindungs- und Atominkrementen und n Benzolkern-Inkrementen zusammen. Dieser Tatbestand legt nahe, den Ringstrom-Diamagnetismus („London-Diamagnetismus" χ_L) halbempirisch zu ermitteln. Nach den oben unter Punkt a) und b) entwickelten Vorstellungen ergibt sich auf Grund einer räumlichen Mittelung (das durch den London-Diamagnetismus bedingte magnetische Moment steht senkrecht zur Benzolebene) $\chi_L = 3\Delta\chi = 41{,}1$ und für Systeme mit formal n Benzolkernen erhält man $\chi_L = n(\chi_L)_{\text{Benzol}}$, also angenäherte Additivität der einzelnen Benzol-Ringströme. Dieses Ergebnis steht in Einklang mit neueren quantenmechanischen Rechnungen.

Einen interessanten Aufschluß erhält man mit Hilfe von χ_L und der experimentell ermittelten Anisotropie des Benzols über die Anisotropien der C—C- und C—H-Einzelbindungen, die ja hier alle in einer Ebene liegen. Wie man an Hand der Abb. 44 sehen kann, wird die durch den London-Diamagnetismus hervorgerufene Anisotropie ($= \chi_L$) noch verstärkt durch die Anisotropie der in der Benzolebene liegenden Einzelbindungen $\chi_{E_{xx}} - \chi_{E_{zz}}$: $\chi_3 - \chi_2$ setzt sich also zusammen aus $\chi_L + \Sigma(\chi_{E_{xx}} - \chi_{E_{zz}})$.

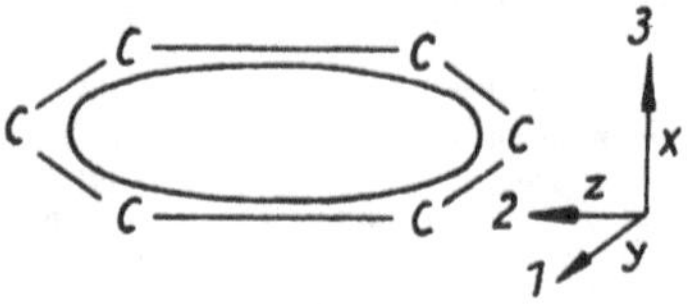

Abb. 44

Hoarau, Lumbroso und Pacault erhielten an Benzolkristallen:

χ_1	χ_2	χ_3
34,9	34,9	94,6

mit $\chi_3 - \chi_2 = 59{,}7$

Damit wird $\Sigma(\chi_{E_{xx}} - \chi_{E_{zz}}) = 18{,}6$. Dieser Anisotropiebetrag entfällt auf die $6\,C_2^{\otimes}$—H, $6\,C^{\otimes}$—$C^{\otimes}$- und die 3 CπC-Bindungen. Nun ergeben sich aus NMR-Messungen sowie durch quantenmechanische Berechnungen für die C—C- und C—H-Bindungen Anisotropien von ≈ 1. Für die CπC-Bindung berechnete Tillieu $\Delta\chi \approx 2$. Demnach beträgt $\Sigma\Delta\chi \approx 18$. Die Abschätzung ergibt also gute Übereinstimmung und zeigt, daß der von uns erhaltene Wert für den London-Diamagnetismus des Benzols durchaus plausibel ist. Sicher sind bei den kondensierten Aromaten die Anisotropien der Einzelbindungen nicht mehr additiv. Es sei darauf hingewiesen, daß diese Überlegungen, wie die quantenmechanischen Berechnungen ergeben haben, nicht auf Pentalensysteme und andere Systeme mit $4n$ statt $4n + 2$ C-Atomen ausgedehnt werden dürfen.

5.4.8. Anwendungsbeispiele für komplizierter gebaute Moleküle

Im folgenden sollen noch zwei Beispiele aus dem Arbeitskreis des Verfassers gebracht werden, die belegen, daß sich auch sehr kompliziert gebaute Moleküle mit Hilfe des halbempirischen Inkrementsystems ausgezeichnet berechnen lassen.

a) Vitamin C

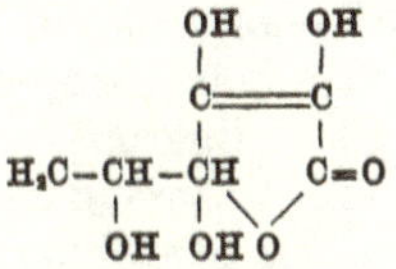

(L(−)-Ascorbinsäure)

Theorie: $\chi_M = 91{,}8$
Experiment: $\chi_M = 91{,}8$

1	$C(O_1)-C_1(O_1)$	5,7
1	$C_2\pi C_2$	2,2
1	$C_2(O_1)-C$	4,6
1	$C^*(O)-O$	4,0
1	C_3-C_2	1,7
1	$C(O_1)-C$	4,6
1	$C(O_1)-C$	4,6
1	$C(O_1)-C(O_1)$	5,7
2	C^*-O	3,0
1	$C^*(O)=O^*$	1,8
1	C_3-O_1	1,8
1	C_2-O_1	1,8
2	C_2-H	7,6
2	C_3-H	7,0
4	O_1-H	13,2
6	C	0,9
6	O	21,6
		91,8

Es ist eine Übereinstimmung beider Werte in allen drei Stellen vorhanden. Berechnet man L(−)-Ascorbinsäure nach dem PASCAL-System, so erhält man mit 87,8 einen zu kleinen Diamagnetismus.

b) Isoborneol und Camphenhydrat

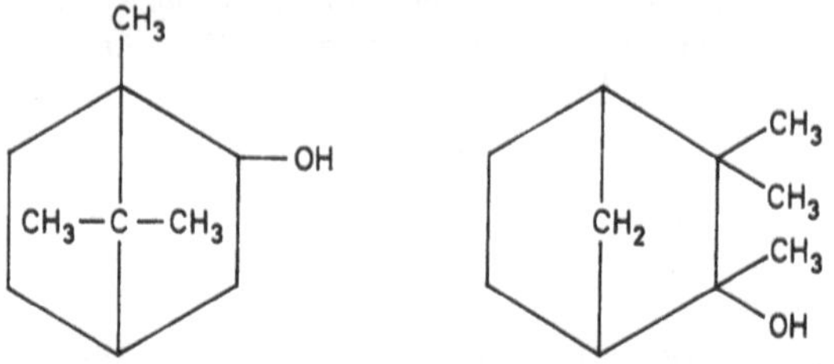

Isoborneol Camphenhydrat

Isoborneol wie auch Camphenhydrat sind zwei isomere bizyklische Terpenalkohole des Pentoceansystems. Ihr Unterschied besteht darin, daß Isoborneol ein sekundärer Alkohol und Camphenhydrat ein tertiärer Alkohol ist. Die C—O-Bindung besitzt im Falle des Isoborneols ein H-Atom als Nachbaratom, beim Camphenhydrat dagegen nur C-Atome. Der Einfluß auf die C—O-Bindung muß in beiden Fällen verschieden sein, da ein C-Atom, das ein H-Atom ersetzt, den Diamagnetismus der benachbarten Bindung erniedrigt, was auch in den Meßergebnissen deutlich zum Ausdruck kommt:

	Experiment	Theorie	PASCAL	TILLIEU-BAUDET
Isoborneol	120,3	117,1	117,45	114,16
Camphenhydrat	115,2	115,2	117,45	114,16

Berechnet man nun die Molsuszeptibilitäten mit den Atominkrementen nach PASCAL, so muß, da beide Verbindungen die gleiche Summenformel besitzen, auch der gleiche Wert der Molsuszeptibilitäten resultieren. Die Messungen zeigen aber, daß dies in Wirklichkeit nicht der Fall ist, daß also ein Nachbarbindungseffekt existiert. Im halbempirischen System ergibt sich tatsächlich für das

Isoborneol ein etwas höherer Wert. Man sieht also, daß dieses System auch bei Isomeren mit hohem Molekulargewicht Strukturfeinheiten wiedergibt. Betrachtet man das Borneol, so kommt diesem epimeren Alkohol eine Raumformel mit geringerer sterischer Hinderung zu.

Für die isomere Verbindung mit der beweglichen Hydroxylgruppe wurde ein noch etwas größerer Diamagnetismus gemessen.

	Experiment	Theorie	Differenz
Camphenhydrat	115,2	115,2	± 0
Isoborneol	120,3	117,1	− 3,2
Borneol	126,0	117,1	− 8,9

Die gegenseitige sterische Hinderung der OH-Gruppen mit den Methylgruppen nimmt vom Camphenhydrat über das Isoborneol zum Borneol hin ab. Man sieht an diesem Beispiel, wie Diamagnetismusuntersuchungen auch verschiedene sterisch bedingte Molekülkonformationen widerspiegeln.

5.5. *Die Methode von* DORFMAN

DORFMAN schlug eine halbempirische Methode vor, die von der KIRKWOODschen Beziehung zwischen dem LANGEVIN-Diamagnetismus und der gemessenen statischen Polarisierbarkeit α ausgeht. Danach gilt für zentralsymmetrische Systeme:

$$\alpha = \frac{4}{9 k a_0} \left| \sum_i^k \bar{r}_i^2 \right|^2$$

$\left(a_0 = \frac{\hbar^2}{m c^2}\right)$. Nach dem Ausdruck für χ_d (S. 89) erhält man folgende Beziehung zwischen α und χ_d:

$$\chi_d = -\frac{N e^2 \sqrt{a_0}}{4 m c^2} \sqrt{k\alpha} = -3{,}11 \cdot 10^{-6} \sqrt{k\alpha}$$

Die KIRKWOODsche Beziehung ist bisher nicht streng theoretisch begründet worden. Wie DORFMAN jedoch an Hand eines großen Versuchsmaterials zeigen konnte, liefert diese Beziehung in allen solchen Fällen gute Übereinstimmung mit den experimentellen Suszeptibilitäten, bei denen der VAN VLECKsche Paramagnetismus praktisch $= 0$ ist. Diese Tatsache ermutigte DORFMAN dazu, einen allgemeinen halbempirischen Weg zur Bestimmung von χ_d vorzuschlagen: χ_d ergibt sich einfach als Differenz zwischen experimentellem Diamagnetismus und dem über die KIRKWOODsche Beziehung ermittelten Diamagnetismus. Dabei muß natürlich beachtet werden, daß die statische für Wellenlängen $\lambda \to \infty$ geltende Polarisierbarkeit α_∞ von der gewöhnlich mit der Na—D-Linie gemessenen Polarisierbarkeit α_0 etwas differiert. In den meisten Fällen kann folgende angenäherte Dispersionsbeziehung

$$\alpha_\infty = \alpha_0 \left[1 - \left(\frac{\lambda_0}{\lambda_D}\right)^2\right]$$

für die entsprechenden Korrekturen verwendet werden.

Der praktische Wert dieser Methode besteht vor allem darin, daß sich sehr schnell an Hand von Tabellenwerten χ_d und χ_p abschätzen lassen. Ob jedoch in allen Fällen eine solche Abschätzung anwendbar ist, muß in einzelnen Fällen auch einzeln untersucht werden. Im Hinblick auf die Inkrementsystematik kann man davon ausgehen, daß sich χ_d additiv auf einzelne Atome, Bindungen oder Ionen aufteilen läßt, χ_p jedoch die Symmetrieverhältnisse des gesamten Moleküls charakterisiert. Es zeigt sich, daß man trotzdem auch χ_p zumindest auf Atomgruppen additiv beziehen kann, und zwar ergibt sich χ_p proportional zu den Polarisierbarkeiten der Atome. So kann z. B. bei Ionensalzen gezeigt werden, daß sich χ_p annähernd proportional zu den Ionenpolarisierbarkeiten aufteilt. Dabei muß unterschieden werden zwischen dem „eigentlichen" χ_p, der von den Bindungsverhältnissen innerhalb eines Molekülions abhängt, und dem induzierten Paramagnetismus, der von der Deformation der Ionen durch ihre Umgebung abhängt. Ist nur dieser induzierte Paramagnetismus vorhanden, muß bei der Extrapolation $\alpha \rightarrow 0$ χ_p ebenfalls gegen 0 streben (s. Abb. 45a). Auf diesem Wege läßt sich in homologen Reihen von Ionenverbindungen auch der „eigentliche" Paramagnetismus abschätzen. Die Extrapolationskurve geht dann nämlich nicht durch den Nullpunkt, sondern schneidet die χ_p-Achse in einem Punkt, der etwa dem „eigentlichen" Ionenparamagnetismus entspricht (s. Abb. 45b). Der induzierte Paramagnetismus ist sicher in erster Linie dafür verantwortlich, daß die magnetische Suszeptibilität von Mischkristallen auch für Systeme vom Typ NaCl—KCl, NaCl—LiCl keine lineare Funktion der Zusammensetzung ist, während die Polarisierbarkeit eine fast lineare Abhängigkeit zeigt (s. Abb. 46). Ob jedoch in allen Fällen Deformationseinflüsse die lineare Abhängigkeit von χ_d unbeeinflußt lassen, müßte noch näher untersucht werden.

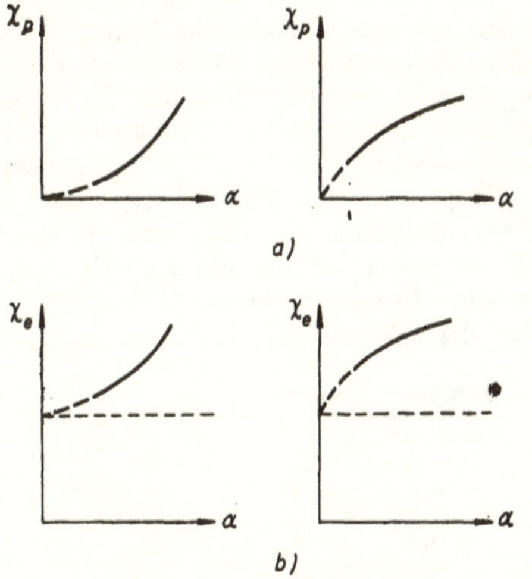

Abb. 45 χ_p bei Ionenverbindungen

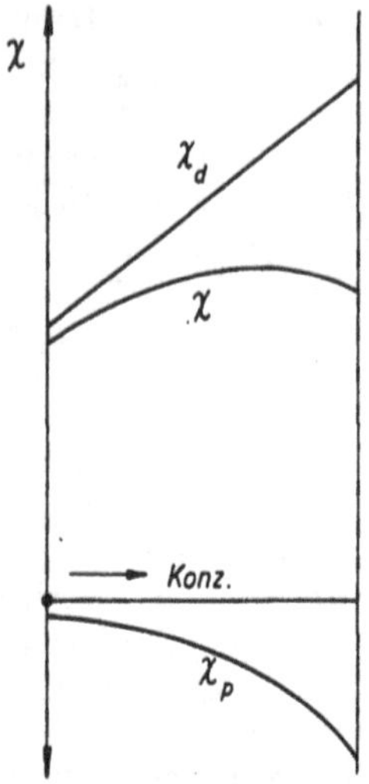

Abb. 46
Zur Suszeptibilität von Mischkristallen

Auch in der organischen Chemie läßt sich die DORFMANsche Methode anwenden. DORFMAN konnte bei den Alkanen zeigen, daß χ_p etwa eine lineare Funktion der Anzahl der CH_2-Gruppen im Molekül darstellt. Diese Erscheinung beruht natürlich auf der Tatsache, daß χ_p um so größer ist, je mehr das Molekül von der Zentralsymmetrie abweicht, also z. B. je langgestreckter ist. Auch hier haben wir die Möglichkeit, χ auf Bindungen aufzuteilen, sofern man die Umgebung der Bindung, also den Nachbarbindungseffekt berücksichtigt. Im Rahmen der DORFMANschen Methode ergibt sich für die Alkanreihe folgendes Inkrementsystem:

Bindung	$-\chi_d \cdot 10^6$	$\chi_p \cdot 10^6$	$-\chi \cdot 10^6$
C−C	4	0	4
C−H (in CH_3)	4	0	4
C−H (in CH_2)	4	0,3	3,7
C−H (in CH)	4	0,8	3,2

Vergleicht man die DORFMANschen Inkremente mit dem in halbempirischem Inkrementsystem des Verfassers (Tab. 13), so findet man eine zumindest qualitativ gute Übereinstimmung. Vor allem wird die Beeinflussung von χ durch den Nachbarbindungseffekt in beiden Systemen in ähnlicher Weise wiedergegeben.

Mit Hilfe der DORFMANschen Methode ergeben sich auch wertvolle Aufschlüsse im Rahmen verschiedener anderer Anwendungsgebiete, z. B. auch bei der Magnetochemie der schwach paramagnetischen oder diamagnetischen Metallkomplexverbindungen oder auch bei der Auswertung magnetischer Resonanzuntersuchungen (chemische Verschiebung).

6. Paramagnetismus von Molekülen und Radikalen

6.1. Paramagnetische Moleküle

Für das Verständnis der magnetischen Eigenschaften von Molekülen mit magnetischem Bahn- oder Spinmoment ist die Tatsache wichtig, daß das resultierende Bahnmoment kein Bewegungsintegral ist, sondern (in den meisten Fällen) die Komponente des Bahnmoments in Richtung der Molekülachse. Diese Komponente wird durch die Quantenzahl Λ charakterisiert. Anstelle der Termsymbole S, P, D, F treten die Symbole Σ, Π, Δ, Φ. Das Gesamtmoment enthält dann noch das Spinmoment (Quantenzahl S) und das Rotationsmoment der Atome um eine auf der Molekülachse senkrecht stehenden Achse (Quantenzahl R). Abb. 47 zeigt die beiden Kopplungsfälle, die unterschieden werden müssen: Im Fall *a* ist die Kopplung zwischen Spin- und Bahnmoment stärker als die Kopplung zwischen Spin- und Rotationsmoment. Man erhält dann das Gesamtmoment $\sqrt{J(J+1)}\,\hbar$ als Vektorsumme von $\vec{R}$ und der Summe der Bahn- und

Spinmoment-Projektionen auf die Richtung der Molekülachse. Im Fall *b* ist die Kopplung zwischen $\vec{\Lambda}$ und $\vec{S}$ schwächer als die Kopplung zwischen $\vec{S}$ und $\vec{R}$. Man addiert erst die Vektoren $\vec{\Lambda}$ und $\vec{R}$ und addiert dann zu dem resultierenden Vektor den Spinvektor.

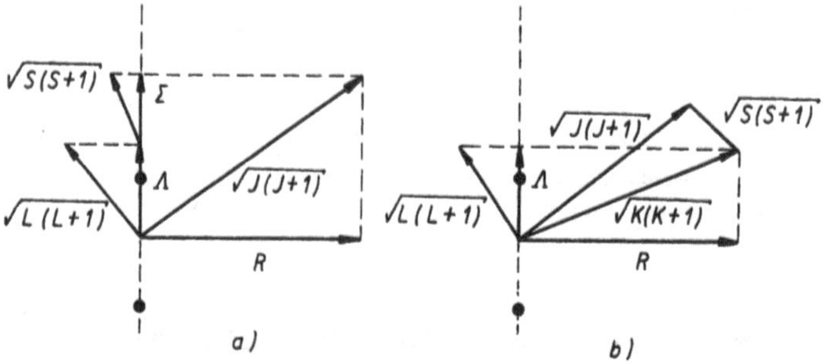

Abb. 47 Magnetische Kopplungsfälle für Moleküle

Auch bei Molekülen muß zwischen kleiner und großer Multiplettaufspaltung unterschieden werden. Wir behandeln zuerst den Fall $JJ' \ll kT$.

Die Suszeptibilität beträgt sowohl für Kopplungstyp *a* als Kopplungstyp *b*

$$\varkappa = \frac{N\mu_B^2}{3k\mathrm{T}}[4S(S+1) + \Lambda^2] + HF\text{-Anteil} \qquad (1)$$

Der Hochfrequenzanteil, also ein temperaturunabhängiger Paramagnetismus, wird vor allem durch das Rotationsmoment $\vec{R}$ bestimmt. Der „niederfrequente" Anteil ergibt sich, wie auch beim Atomparamagnetismus durch Anwendung des Operators $(2\vec{S} + \vec{\Lambda})\mu_B$, wobei zu beachten ist, daß der statistische Mittelwert des Produktes $\vec{S}\vec{\Lambda} = 0$ ist, da der Boltzmannsche Temperaturfaktor in dem vorausgesetzten Fall enger Multipletts unberücksichtigt bleibt und daher die

Matrizenelemente des Skalarproduktes trotz verschiedener Vorzeichen gleiches Gewicht haben und sich aufheben.

Beachten wir nun den Fall weiter Multipletts ($JJ' \gg kT$). Hier scheidet der Kopplungstyp b aus, da sonst $h\nu(JJ')$ kleiner als die Energiedifferenzen zwischen benachbarten Rotationstermen und damit normalerweise kleiner als kT ist. Die Suszeptibilität berechnet sich hier zu

$$\varkappa = \frac{N\mu^2}{3k\mathrm{T}}(\Lambda + 2\vec{S})^2 \tag{2}$$

Betrachten wir ein einfaches (O_2) und ein komplizierteres Beispiel (NO). Die Multiplettaufspaltung von O_2 mit dem Grundterm $^3\Sigma$ ist klein im Vergleich zu kT (die Tatsache, daß hier trotz gerader Elektronenanzahl ein $^3\Sigma$-Zustand vorliegt, ist erst durch die moderne Quantenchemie verständlich gemacht worden). Es gilt Gleichung (1) und man erhält mit $\Lambda = 0$ und $S = 1$

$$\varkappa = \frac{8\mu_B^2 N}{3kT} = \frac{0{,}993}{T}$$

Die Übereinstimmung mit experimentellen Werten ist sehr gut. Für höhere Drücke sowie für den flüssigen und festen Zustand gelten noch Besonderheiten, auf die nicht näher eingegangen werden soll.

Wir behandeln nun das kompliziertere magnetische Verhalten des NO. Es wird bestimmt durch die Tatsache, daß die Energiedifferenz zwischen den beiden Termen $^2\Pi_{3/2}$ und $^2\Pi_{1/2}$ schon bei Zimmertemperatur von der Größenordnung kT ist. Beim tieferen Term $^2\Pi_{1/2}$ stehen Bahn- und Spinmoment antiparallel, es resultiert Diamagnetismus; bei dem höheren Term $^2\Pi_{3/2}$ stehen Bahn- und Spinmoment parallel. Die Theorie des Temperaturverlaufs der Suszeptibilität ist von van Vleck eingehend bearbeitet worden. Wir gehen hier nur auf die qualitativen Verhältnisse ein. Neben dem thermischen Besetzungsverhältnis der beiden Terme ist hier noch ein weiterer Effekt zu berücksichtigen: Bei steigender Temperatur tritt immer mehr eine Entkopplung zwischen Bahn- und Spinmoment auf, so daß sich das Spinmoment selbständig im Magnetfeld einstellen kann. Dadurch wird der $^2\Pi_{1/2}$ Term ebenfalls paramagnetisch. Van VLECK erhält im Endergebnis:

$$\chi_M = \frac{N_L \mu_B^2 Z^2}{3kT} \quad \text{mit } Z = 2\sqrt{\frac{1 - e^{-x} + xe^{-x}}{x + xe^{-x}}};$$

$$x = \frac{\Delta E}{kT}\left(= \frac{173}{T}\right)$$

Abb. 48 zeigt, daß der von van VLECK berechnete Temperaturverlauf hervorragend mit den experimentellen Ergebnissen übereinstimmt. Dies ist ein weiterer schlüssiger Beweis für die Leistungsfähigkeit der quantenmechanischen Theorie des Paramagnetismus.

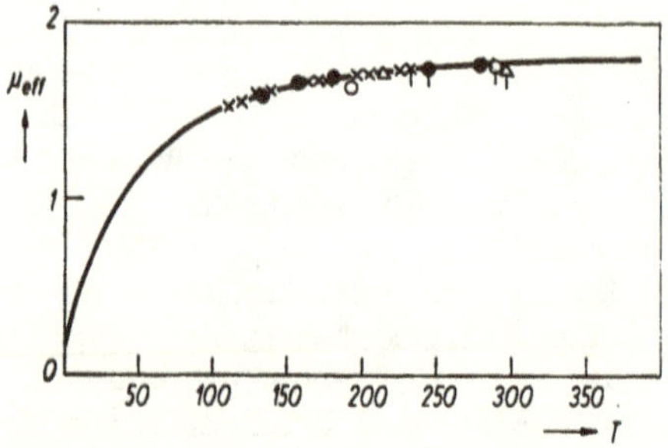

Abb. 48 Temperaturverlauf der NO-Suszeptibilität: Theorie und Experiment

○ – AHARONI und SCHERER

△ – BITTER

● – STÖSSEL

× – WIERSMA, DE HAAS und CAPEL

6.2. Anwendungen in der organischen Radikalchemie

Die Pionierarbeit auf diesem Gebiet leistete Eugen MÜLLER. Die folgende Darstellung beruht auf den von ihm entwickelten Vorstellungen.

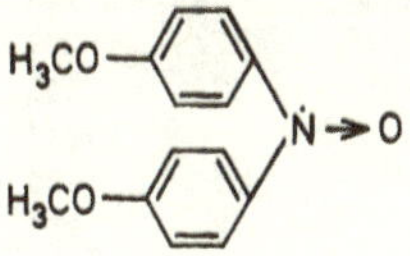

1

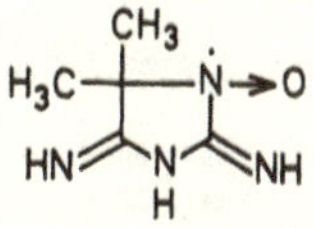

2

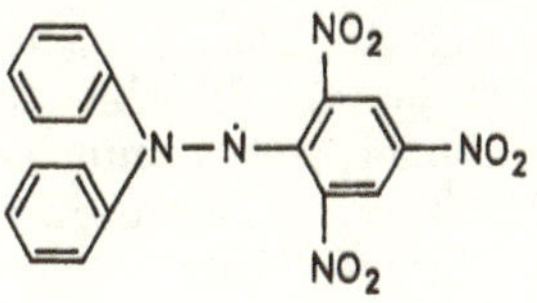

3

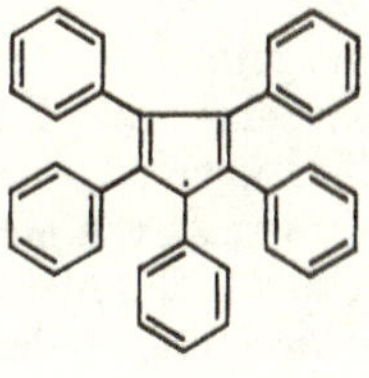

4

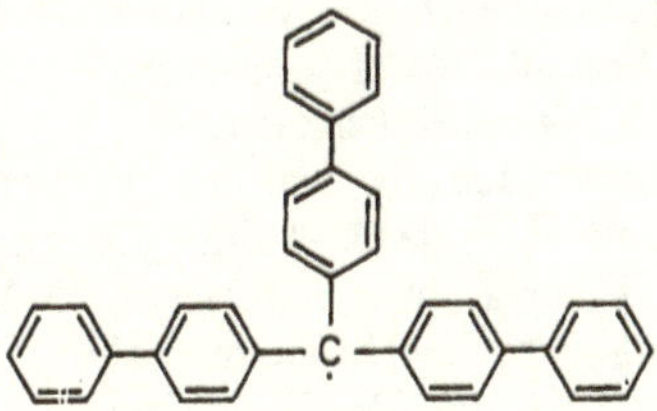

5

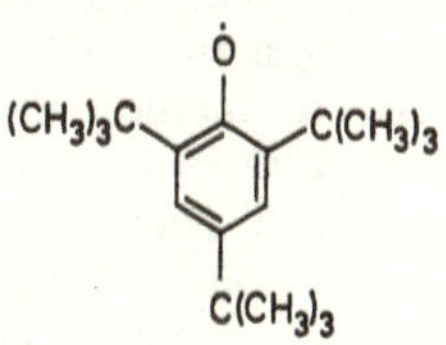

6

6.2.1. $^2\Sigma_{1/2}$*-Radikale*

Tab. 18 zeigt die Ergebnisse der MÜLLERschen Schule für eine Reihe von Sauerstoff- und Kohlenstoffradikalen, deren Formelbilder mit angegeben sind.

Tabelle 18
Magnetisches Verhalten einiger Stickstoff-, Kohlenstoff- und Sauerstoffradikale

Radikal	Θ	μ_{eff}	Temp. [°K]
(1)	− 3°	1,71	291
(2)	− 6°	1,76	293
(3)	− 10°	1,74	293
(4)	− 12°	1,7	293
(5)	− 18°	1,7	293
+ 1 C_6H_6 (in festem Zustand)	− 18°	1,6	90
in 2,82% ig. benzol. Lösung	− 18°	1,78	294
in 2,82% ig. benzol. Lösung	− 18°	1,84	348
(6)	+ 8°	1,61	200

Wie der Tabelle zu entnehmen ist, stimmen die Ergebnisse ausgezeichnet mit dem normalen theoretischen Verhalten eines $^2\Sigma_{1/2}$-Zustandes überein. Die Abweichung vom CURIEschen Gesetz ist sehr gering, die WEISSsche Konstante relativ klein. Assoziationen treten unter normalen Umständen nicht auf. Durch seinen Paramagnetismus konnte das erste stabile Aroxyl (Verbindung 6) als vollständig monomeres Radikal charakterisiert werden. Mit Hilfe magnetochemischer Methoden konnte man Dissoziationsgleichgewichte der Radikalchemie untersuchen. So wurde z. B. die Dissoziationswärme des Hexaphenyläthans in Benzol durch Suszeptibilitätsmessungen zu − 11,6 ± 1,7 kcal/Mol bestimmt.

Durch magnetische Untersuchung konnte weiterhin nachgewiesen werden, daß die als Metallketyle angesehenen Verbindungen Dimethylpyron-Kalium, 2-Methylchromon-Kalium und 2,3; 6,7-Dibenzoxanthon-Kalium im festen Zustand keine freien Radikale sind.

6.2.2. $^3\Sigma_1$-Radikale (Tripletts)

Triplett-Grundzustände, wie sie z. B. beim O_2 vorliegen, sind bei organischen Radikalen außerordentlich selten. Bisher kennt man nur die Bisaroxyle.

Nähere Aufschlüsse erhält man hier vor allen Dingen durch die Elektronenspinresonanz-Spektroskopie.

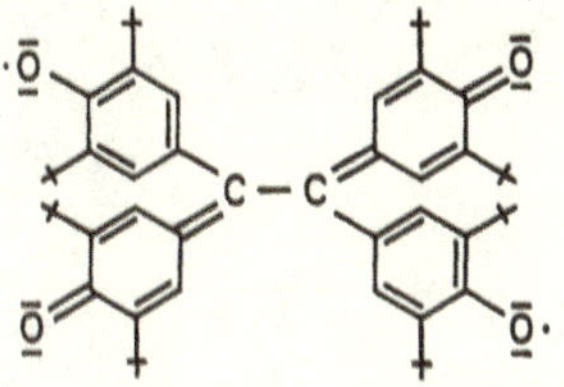

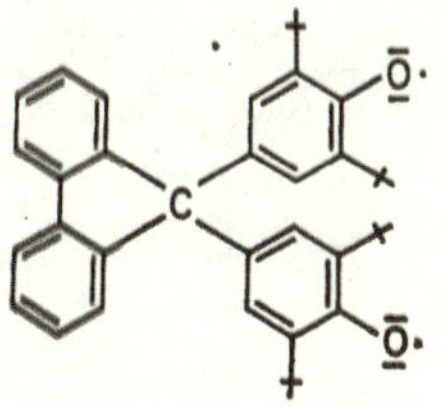

6.2.3. *Radikale mit* $^1\Sigma_0 \rightleftharpoons {}^3\Sigma_1$*-Gleichgewicht*

Magnetochemische Untersuchungen konnten zeigen, daß eine Anzahl von Verbindungen, die man als Radikale mit zwei nichtspinkompensierten Elektronen angesehen hatte, im wesentlichen nicht radikalisch sind. Ein typischer Vertreter ist der Tschitschibabinsche Kohlenwasserstoff

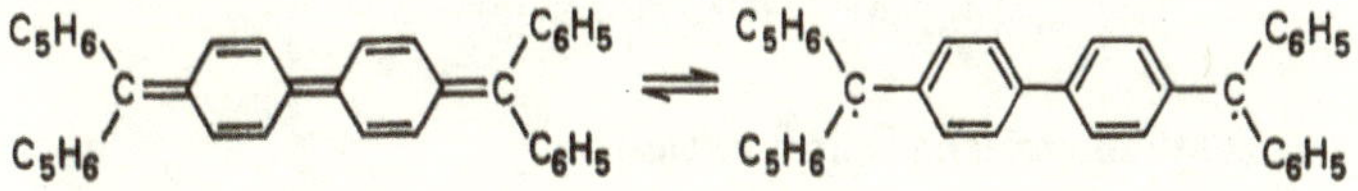

Das Gleichgewicht liegt weitgehend auf der chinoiden Seite. Wenn jedoch aus sterischen Gründen die chinoide Form unmöglich ist, sollte dies durch den Paramagnetismus angezeigt werden. Dies ist z. B. bei dem Schlenkschen Kohlenwasserstoff tatsächlich der Fall:

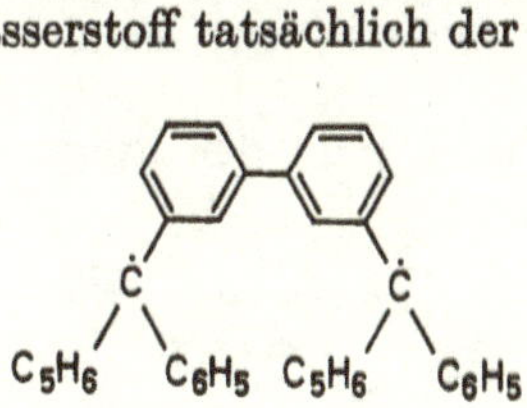

Auch die Verbindungen

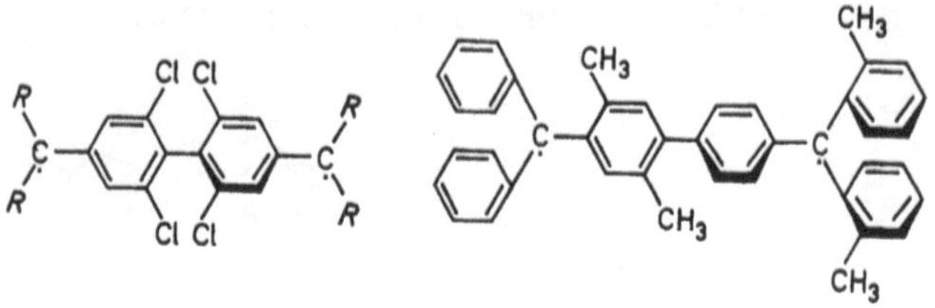

$R = C_6H_5$
$R = C_6H_4{-}C_6H_5$

liegen radikalisch vor.

Für Singulett-Triplett-Gleichgewichte gilt folgender Tatbestand: Es gibt drei symmetrische Gesamtspinfunktionen und eine antisymmetrische, wie folgende Übersicht zeigt:

Symmetrische Spinfunktionen:

$$\alpha(1)\,\alpha(2)$$
$$\beta(1)\,\beta(2)$$
$$\frac{1}{\sqrt{2}}\,[\alpha(1)\,\beta(2) + \beta(1)\,\alpha(2)]$$

Antisymmetrische Spinfunktion:

$$\frac{1}{\sqrt{2}}\,[\alpha(1)\,\beta(2) - \alpha(1)\,\beta(2)]$$

Daher ist nach dem Verteilungsgesetz der Quantenstatistik das Verhältnis der Zahl der Molekeln im Triplett-Zustand $n(^3\sum_1)$ zu derjenigen im Singulett-Zustand $n(^1\sum_0)$ gleich 3 : 1

Ist ΔE ungleich 0, muß der Boltzmann-Faktor berücksichtigt werden:

$$\frac{n(^3\Sigma_1)}{n(^1\Sigma_0)} = \frac{3}{1}\,e^{-\frac{\Delta E}{kT}}$$

Ist ΔE sehr viel kleiner als kT wird der BOLTZMANN-Faktor ungefähr gleich 1. Mit Hilfe dieser Beziehungen läßt sich die Temperaturabhängigkeit der Suszeptibilität solcher Gleichgewichtssysteme gut wiedergeben. Weitergehende Aufschlüsse geben auch hier Elektronenspinresonanz-Untersuchungen.

7. Paramagnetismus von Übergangsmetallionen in Ligandenfeldern

7.1. Qualitative Einführung

7.1.1. Magnetisches Verhalten von Übergangsmetallionen

Aus der Theorie des periodischen Systems ist bekannt, daß in der ersten Übergangsreihe vom Ti^{++} zum Mn^{++} zunehmend die fünf 3 d-Niveaus zunächst mit je einem Elektron besetzt werden (als Folge der Austauschwechselwirkung). Das magnetische Moment nimmt in dieser Reihenfolge zu, bis vom Fe^{++} ab durch antiparallele Doppelbesetzung der 3 d-Niveaus der Spinmagnetismus wieder abnimmt. Tab. 19 gibt einen Überblick über die 3 d-Besetzung und die daraus resultierenden spektroskopischen Grundterme und Magnetonwerte. Die Komplexverbindungen dieser Ionen lassen sich in einer ersten Näherung in folgende Gruppen aufteilen:

a) Der „spin-only"-Typ

In der ersten Hälfte der Übergangsreihe ($Ti^{++} \rightarrow Mn^{++}$) berechnen sich die magnetischen Momente der Ionen nach der auf S. 69 abgeleiteten Beziehung

$$\mu = \sqrt{4S(S+1)}$$

Der Bahnmagnetismus wird durch das Ligandenfeld praktisch ganz unterdrückt, und die gemessenen Werte entsprechen reinem Spinmagnetismus (Kurve *I* in Abb. 49).

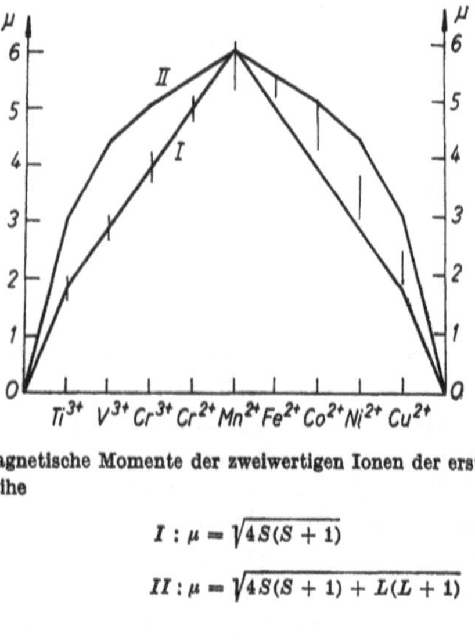

Abb. 49 Magnetische Momente der zweiwertigen Ionen der ersten Übergangsreihe

$$I: \mu = \sqrt{4S(S+1)}$$

$$II: \mu = \sqrt{4S(S+1) + L(L+1)}$$

b) Der „Typ der geringen Multiplett-Aufspaltung".

Wenn die Energieaufspaltung zwischen den Anregungszuständen klein ist, kommt es durch starke Spin-Bahn-Kopplung zur vollständigen Auswirkung der Bahnmomente. Es gilt folgende Beziehung:

$$\mu = \sqrt{4S(S+1) + L(L+1)}$$

Sie gilt wie Abb. 49 (Kurve II) zeigt, in der zweiten Hälfte der ersten Übergangsreihe nur annähernd. Die meisten Komplexe (besonders von Co^{++}, Ni^{++} und Cu^{++})

zeigen magnetische Momente, die gerade zwischen den nach I und II berechneten liegen.

c) Der „spin-paired"-Typ

Oft sind die experimentell bestimmten magnetischen Momente viel kleiner als erwartet, manchmal findet man überhaupt keinen Paramagnetismus mehr. So hat z. B. das $K_3[FeF_6]$ ein Moment von 5 ungepaarten Elektronen und das $K_3[Fe(CN)_6]$ ein Moment von einem ungepaarten Elektron. Dieser Unterschied wird auf eine sehr große Aufspaltung der 3 *d*-Niveaus des Fe^{+++} im $K_3[Fe(CN)_6]$ zurückgeführt, als deren Ergebnis Spinpaarung eintritt. In der Geschichte der Komplexchemie hat diese Erscheinung eine außerordentlich große Rolle gespielt. Aus ihr wurden auf Grund der PAULINGschen Theorie weitgehende Schlüsse auf die Bindungsverhältnisse im Komplex gezogen. Danach können die Elektronenverteilungen in den beiden Komplexarten wie in Abb. 50

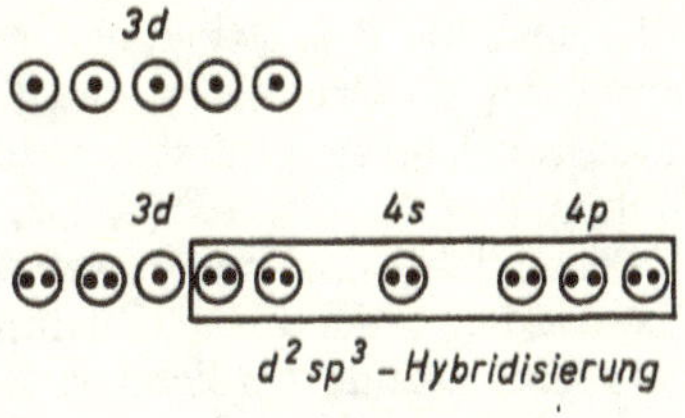

Abb. 50 Elektronenverteilung in „ionischen" und „kovalenten" Komplexen nach PAULING

angegeben werden. Heute wissen wir, daß eine eindeutige Zuordnung zwischen Magnetismus und Kovalenzbindung im Komplex nicht möglich ist. Einen großen Fortschritt brachte die elektrostatische Theorie der Komplexe (Ligandenfeldtheorie).

Tabelle 19
Magnetische Momente der Ionen der ersten Übergangsreihe

Ion	Zahl der d-Elektronen	Zahl der ungepaarten Elektronen	Spin-only-Moment	μ_{eff} Gesamt-Moment	μ_{exp} okt.	tetr.
Ti^{3+}	1	1	1,73	3,0	1,8 – 1,9	1,7
V^{3+}	2	2	2,83	4,46	2,7 – 2,8	2,8
Cr^{3+}	3	3	3,88	5,20	3,8	3,4 – 3,7
Mn^{3+}	4	4	4,90	5,47	4,8 – 4,9	4,5
Mn^{2+}	5	5	5,92	–	5,65	6,10
Fe^{2+}	6	4	4,90	5,47	5,4 – 5,6	5,0 – 5,3
Co^{2+}	7	3	3,88	5,20	4,7 – 5,2	4,3 – 4,7
Ni^{2+}	8	2	2,83	4,46	3,2 – 3,5	3,6 – 4,1
Cu^{2+}	9	1	1,73	3,0	1,7 – 1,9	2,0 – 2,2

7.1.2. Elektrostatische Theorie der Komplexe

Diese Theorie geht von den Wechselbeziehungen zwischen den d-Elektronen des Metallions und dem elektrostatischen Feld der umgebenden Liganden aus. Wie Abb. 51 zeigt, können die 3 d-Elektronen zwei Orbitalgruppen angehören, den $d\gamma$-Orbitals (d_z und $d_{x^2-y^2}$), deren Elektronendichten in Richtung der Kordinatenachsen Maxima haben und den d_ε-Orbitals (d_{xy}, d_{xz}, d_{yz}), deren maximale Elektronendichte zwischen zwei Achsen liegt. Die $d\gamma$-Orbitals werden auch als e_g-Zustände, die d_ε-Orbitals auch als t_{2g}-Zustände bezeichnet. Befinden sich nun 6 negativ geladene Liganden in oktaedrischer Anordnung auf den Koordinatenachsen, so kommt es infolge Abstoßung zwischen Liganden und $d\gamma$-Orbitals zu einer Aufspaltung.

Das FeF_6^{3-}-Ion z. B. ist ein sogenannter „schwacher“ Komplex. Bei ihm ist die Orbitalaufspaltung nur sehr gering (s. Kap. 7.2.).

Das $Fe(CN)_6^{3-}$-Ion, dessen magnetisches Moment nur einem ungepaarten Elektron entspricht, ist ein „starker“

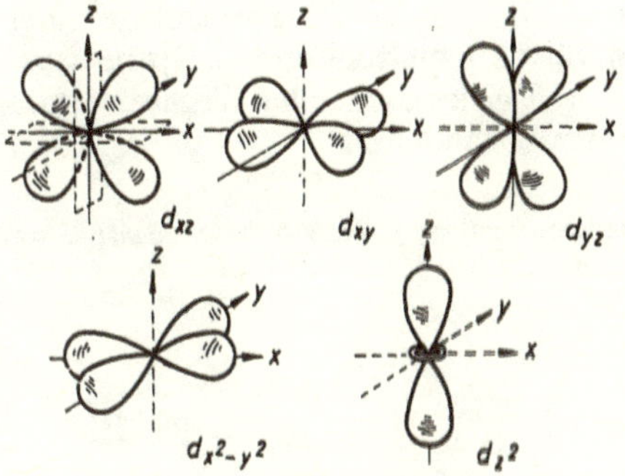

Abb. 51 Symmetrie der d-Orbitale

Komplex. Die Energiedifferenz ist mit $\approx 30\,000\ cm^{-1}$ größer als die Abstoßungskräfte zwischen Elektronen gepaarten Spins, so daß in den *d*-Orbitals Spinpaarung eintritt.

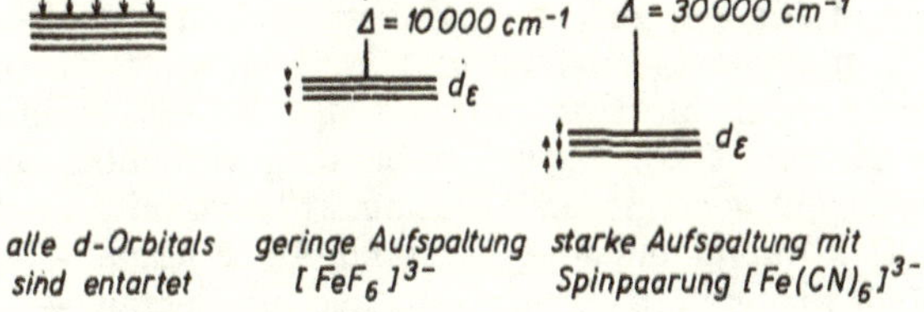

Abb. 52 Oktaedrische „starke" und „schwache" Aufspaltung
$\Delta = 10\ Dq$

Für andere Ligandensymmetrien kann man analoge Überlegungen anstellen. Abb. 53 gibt die Aufspaltungen für einige andere Symmetrieverhältnisse an.

Insgesamt hängt die Elektronenbesetzung von drei Faktoren ab (Aufspaltungsgröße, „Austausch-Wechselwirkung“ und elektrostatische Wechselwirkung), die wir im folgenden behandeln.

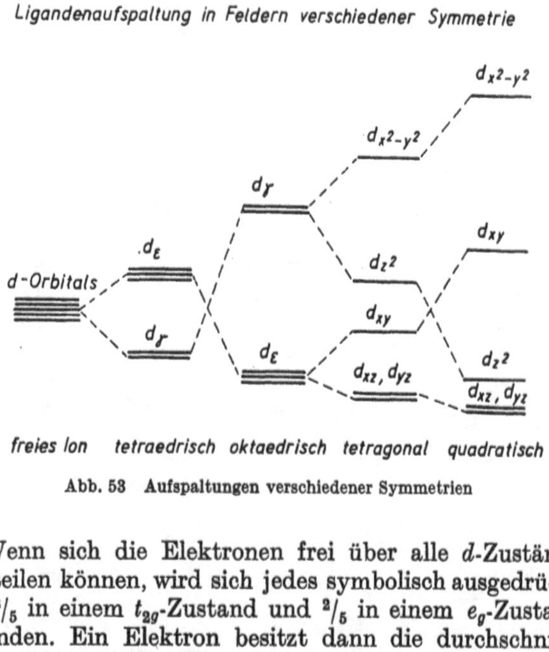

Abb. 53 Aufspaltungen verschiedener Symmetrien

Wenn sich die Elektronen frei über alle d-Zustände verteilen können, wird sich jedes symbolisch ausgedrückt zu $^3/_5$ in einem t_{2g}-Zustand und $^2/_5$ in einem e_g-Zustand befinden. Ein Elektron besitzt dann die durchschnittliche Energie $4\,D_q$. Nach Verabredung wird aber diese Durchschnittsenergie als „Nullpunkt“ gewählt, so daß ein Elektron in einem t_{2g}-Zustand die Energie $-4\,D_q$ und ein Elektron in einem e_g-Zustand die Energie $+6\,D_q$ besitzt. Man bezeichnet die in diesen Einheiten ausgedrückte Energiedifferenz zwischen dem Grundzustand im gestörten und ungestörten Falle als „Kristallfeld-Stabilisierungsenergie“. Ihre in Tab. 20 für verschiedene Elektronenbesetzungen angegebenen Werte sind damit leicht verständlich. Der Gang der D_q-Zahlen mit der

Elektronenanzahl stimmt sehr gut mit dem Gang der Hydratationswärmen der zweiwertigen Ionen der Elemente der ersten Übergangsperiode überein. Die Größe von D_q selbst kann aus den Spektren der Komplexe ermittelt werden. Zum Beispiel beruht die Absorptionsbande im Sichtbaren des in wäßrigen Lösungen vorhandenen $[Ti(H_2O)_6]^{3+}$-Komplexions auf dem Übergang des *d*-Elektrons vom t_{2g}-Zustand in den e_g-Zustand, ihre Frequenz entspricht also der Aufspaltung $10\,D_q$. D_q hängt sehr stark von der Natur der Liganden ab. In folgender Reihenfolge nimmt die Ligandenfeldstärke, also D_q zu:

$$J^- < Br^- < Cl^- < F^- < H_2O < C_2O_4^{--} < \text{Pyridin}$$

$$< NH_3 < \text{Äthylendiamin} < NO_2^- < CN^-.$$

Schalten wir die elektronische Wechselwirkung ein, und zwar nur die der *d*-Elektronen untereinander, so ist auf Grund der Austauschwechselwirkung die antisymmetrische Ortseigenfunktion die stabilere, weil bei ihr die Elektronen mehr voreinander ausweichen. Zu ihr gehört auf Grund des PAULI-Prinzips eine symmetrische Spineigenfunktion, also Parallelstellung der Spins. Wir können die hieraus resultierende Stabilisierungsenergie in willkürlichen Einheiten messen: Zum Beispiel können in einer d^5-Konfiguration mit parallelen Spins $(t_{2g}^3\, e_g^2)\, \frac{5 \cdot 4}{1 \cdot 2} = \binom{5}{2} = 10$ Paare in stabilisierende Wechselwirkung treten. Dagegen gibt es bei der Konfiguration $t_{2g}{}^5$ nur $\binom{3}{2} + \binom{2}{2} = 4$ wechselwirkende Paare, also 6 weniger. Diese Konfiguration ist also um 6 Einheiten (wir nennen sie Symmetrie-Wechselwirkungseinheiten, *S*-Einheiten) weniger stabil. Man überzeuge sich, daß eine d^6-Konfiguration mit parallelen Spins um 4 *S*-Einheiten stabilisiert ist. Die elektrostatische Abstoßung wird noch durch einen weiteren Parameter charakterisiert, nämlich durch die Abstoßungsenergie eines Spinpaares mit

Tabelle 20
Zur Berechnung der Elektronenbesetzung von d-Zuständen
Elektronenverteilung in Orbitalen von e_g und t_{2g}-Typ und die zugeordneten Energien

Zahl der Elektronen		1	2	3	4 gr. Spin	4 kl.	5 gr. Spin	5 kl.	6 gr. Spin	6 kl.	7 gr. Spin	7 kl.	8	9	10
Elektronenverteilung	e_g	—	—	—	1	—	2	—	2	—	2	1	2	3	4
	t_{2g}	1	2	3	3	4	3	5	4	6	5	6	6	6	6
Resultierende Spins		1	2	3	4	2	5	1	4	0	3	1	2	1	0
Spin-Austausch-Wechselwirkung in S-Einheiten		0	−1	−3	−6	−3	−10	−4	−10	−6	−11	−9	−13	−16	−20
Elektrostatische Elektronen- in C-Einheiten		0	0	0	0	+1	0	+2	+1	+3	+2	+3	+3	+4	+5
Energie*) im Ligandenfeld in D_q-Einheiten		−4	−8	−12	−6	−16	0	−20	−4	−24	−8	−18	−12	−6	0

*) Als 0-Linie der Energie ist die statist. Besetzung der $3t_{2g}$ u. der $2e_g$-Orbitale durch ein Elektron angenommen. Die Energie eines Elektrons, das sich in einem t_{2g}-Orbital aufhält, ist $-4\,D_q$ u. die eines Elektrons in einem e_g-Orbital $+6\,D_q$

antiparallelen Spins. Jedes Paar bringt eine Einheit (COULOMB-Einheit, C-Einheit) mit.

Wir kennen nun alle Parameter, die die Elektronenverteilung eines Komplexes bestimmen und wollen uns ihr Zusammenspiel an einigen Beispielen klarmachen: Warum besitzt $[Fe(H_2O)_6]^{3+}$ normalen Spinmagnetismus, warum $[Fe(CN)_6]^{3-}$ nicht? Antwort: Weil die Ligandenfeldstärke im ersteren Falle wesentlich kleiner ist ($D_q(H_2O) < D_q(CN)$) und die Stabilisierung offensichtlich nicht ausreicht, diesen Effekt zu kompensieren. Weiter wird klar, daß eine d^5-Konfiguration eher „großen Spin" besitzen wird, weil der Unterschied von S zwischen ihr und der Konfiguration mit „kleinem Spin" größer ist als für irgendeinen anderen Zustand. Weiterhin ist verständlich, daß bei gleichem D_q bei d^6 leichter kleiner Spin auftritt, als bei d^5, da C in beiden Fällen gleich ist, die S-Differenz im d^6-Fall 4 und im d^5-Fall 6 beträgt. Berücksichtigen wir noch tetraedrische Symmetrien (Tab. 21 stellt D_q-Werte tetraedrischer Komplexe zusammen) können wir noch folgende Schlüsse ziehen: Zn^{2+}-, Fe^{3+}- und Ti^{3+}-Ionen, die also entweder 5 oder 10 d-Elektronen besitzen, bilden weniger schwer tetraedrische Komplexe als alle anderen Ionen, sonst sind immer oktaedrische Symmetrien begünstigt. Die tetraedrische Aufspaltung ist am größten bei 2 bzw. 7 d-Elektronen im Falle großen Spins und bei 4 d-Elektronen im Falle kleinen Spins (s. Tab. 21), so daß Ti^{2+}, V^{3+}, Co^{2+} bei großem Spin und Cr^{2+} bei kleinem Spin ebenfalls dazu neigen können, Tetraederkomplexe zu bilden.

Tabelle 21
Die Ligandenfeldstabilisierungsenergien
für tetraedrische Komplexe mit großem und kleinem Spin

Zahl der Elektronen	1	2	3	4	5	6	7	8	9	10
Stabilisierungs-Energie in D'_q-Einheiten										
großer Spin	6	12	8	4	0	6	12	8	4	0
kleiner Spin			18	24	20	16				

7.1.3. Kovalenzbindungen in Komplexen

Die Ergebnisse der elektrostatischen Behandlung können erweitert werden, wenn auch die Kovalenzbindung in Komplexen berücksichtigt wird. Daß solche Bindungen bei bestimmten Liganden (z. B. Pyridin, CN^- oder CO) vorliegen, hat man u. a. infolge der dabei auftretenden Elektronendelokalisierung mit Hilfe der Spinresonanzspektroskopie direkt zeigen können. Die Anwendung der MO-Theorie kann hier nur kurz gestreift werden. Man bildet bestimmte Linearkombinationen von Liganden-Atomzuständen, die die gleiche Symmetrie besitzen wie die *d*-Zustände des Zentralatoms. Wie das vor sich geht, erläutert Abb. 54, mit deren Hilfe Tab. 22 verständlich wird. (Die Symmetriesymbole a_1, e_g, t_{1u} usw. sind der Darstellungstheorie der Gruppen entnommen und können hier nicht weiter erläutert werden.) Die endgültigen Molekülzustände werden nun durch Linearkombinationen solcher Metall- und Ligandenzustände gebildet, die die gleiche Symmetrie besitzen (da in diesem Fall die Überlappung am größten ist). Die energetischen Berechnungen der Reihenfolge und des Abstands dieser Molekülzustände zeigt Abb. 55. Die lockernden Molekülzustände sind mit einem Stern bezeichnet. Die Besetzung erfolgt stufenweise mit zwei Elektronen. Nehmen wir z. B. 12 Elektronen von 6 Oktaederliganden und *n* *d*-Elektronen des Metalls an, so können erstere in den bindenden a_{1g}-, t_{1u}- und e_g-Zuständen untergebracht werden, während die *d*-Elektronen den nicht bindenden t_{2g}- und den lockernden e_g^*-Zustand besetzen. Die beiden letzten Zustände haben die gleiche Funktion wie in der elektrostatischen Theorie. Ihre Aufspaltung wird wieder mit $10\,D_q$ bezeichnet, nur wird die Größe dieser Aufspaltung nun mitbedingt durch das Ausmaß der Überlappung bei den Kovalenzbindungen. Eine nähere Betrachtung zeigt außerdem, daß die t_{2g}-Metallzustände in ihrer Symmetrie mit Liganden-Linearkombinationen vom π-Typ übereinstimmen, so

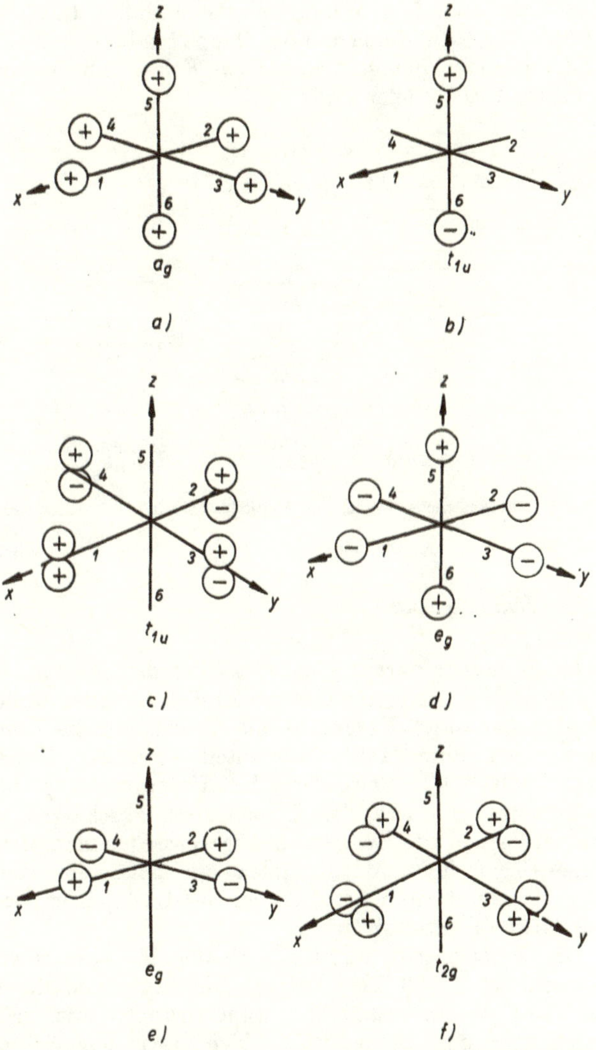

Abb. 54 Zur Linearkombination von Liganden-Atomzuständen

daß auch zwischen Metall und bestimmten Liganden (z. B. CN) π-Bindungen, also Doppelbindungen ausgebildet werden können. Das hat zur Folge, daß die Aufspaltung 10 D_q größer wird.

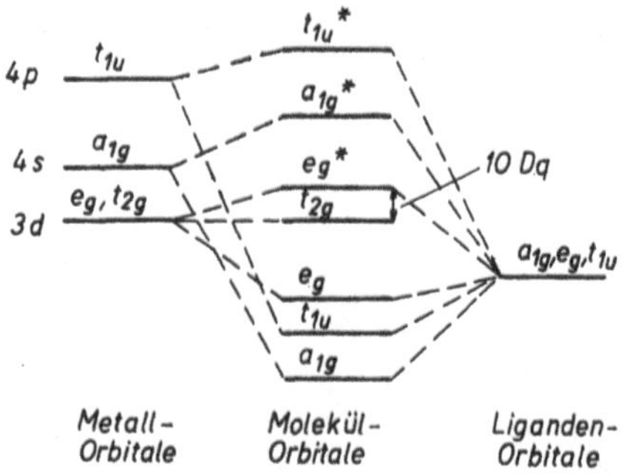

Abb. 55 Zur Veranschaulichung von Molekülzuständen in Metallkomplexen

7.1.4. *Bahnmomente*

Es ist bereits darauf hingewiesen worden, daß in der ersten Hälfte der ersten Übergangsreihe die Ionen in der Regel „spin-only"-Komplexe bilden, während die Komplexe der zweiten Hälfte Bahnanteile aufweisen. Um in den „spin-free"-Komplexen die Unterdrückung des Bahnbeitrages durch das Ligandenfeld abschätzen zu können, sollen die Zusammenhänge zwischen den sterischen Eigenschaften der Komplexe und den zu erwartenden Bahnmomenten am Beispiel der Co(II)-Komplexe qualitativ diskutiert werden.

Die Theorie sagt für das Co^{2+}-Ion ein „spin-only"-Moment von 3,88 B.M. voraus. Die experimentell ermittelten Werte lassen sich zwei Gruppen zuordnen, deren erste dem oktaedrischen Typ des rosa gefärbten $[Co(H_2O)_6]^{2+}$-Ions entspricht und magnetische Momente

Tabelle 22
Linearkombinationen für oktaedrische Komplexe (nach Orgel)
(t_{1g}- und t_{2u}-Orbitale sind vernachlässigt)

	Metallfunktion	Ligandenfunktion
a_{1g}	$\psi 4_s$	$\varphi_{a1} = \frac{1}{\sqrt{6}} (\sigma_1 + \sigma_2 + \sigma_3 + \sigma_4 + \sigma_5 + \sigma_6)$
e_g	$\psi 3d_{z^2}$	$\varphi e_{g,z^2} = \frac{1}{2\sqrt{3}} (2\sigma_5 + 2\sigma_6 - \sigma_1 - \sigma_2 - \sigma_3 - \sigma_4)$
	$\psi 3d_{x^2-y^2}$	$\varphi e_{g,x^2-y^2} = \frac{1}{2} (\sigma_1 + \sigma_2 - \sigma_3 - \sigma_4)$
t_{1u}	$\psi 4p_x$	$\varphi t_{1u,x} = \frac{1}{\sqrt{2}} (\sigma_1 - \sigma_2)$
	$\psi 4p_y$	$\varphi t_{1u,y} = \frac{1}{\sqrt{2}} (\sigma_3 - \sigma_4)$
	$\psi 4p_z$	$\varphi t_{1u,z} = \frac{1}{\sqrt{2}} (\sigma_5 - \sigma_6)$

von 4,8 bis 5,2 B.M. aufweist, und deren zweite tetraedrische Komplexe vom Typ des blauen $[CoCl_4]^{2-}$-Ions enthält mit magnetischen Momenten von 4,3 bis 4,7 B.M. Dieses unterschiedliche Verhalten ist auf die Symmetrieverhältnisse der Elektronenverteilung in den d_ε-Orbitals zurückzuführen.

Der oktaedrische Co(II)-Komplex hat im Grundzustand eine $d_\varepsilon^4\, d_\gamma^3$-Konfiguration, der tetraedrische eine $d_\gamma^4 d_\varepsilon^3$-Konfiguration.

oktaedrisch: $d_\varepsilon^5\, d_\gamma^2$ tetraedrisch: $d_\gamma^4 d_\varepsilon^3$

Diese beiden Elektronenkonfigurationen unterscheiden sich dadurch, daß die Elektronen in den d_ε-Orbitals beim Oktaeder asymmetrisch, beim Tetraeder symmetrisch verteilt sind. Wenn die d_ε-Orbitals mit 1, 2, 4 oder 5 Elektronen besetzt sind, nennt man die Elektronenverteilung asymmetrisch, bei Besetzung mit 0, 3 oder 6 d-Elektronen spricht man von symmetrischer Elektronenverteilung in den d_ε-Orbitals:

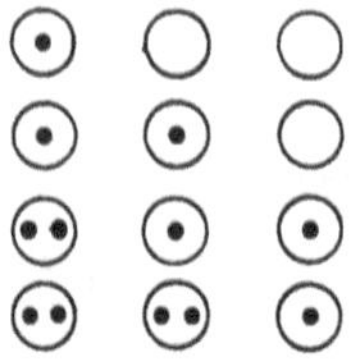

asymmetrisch

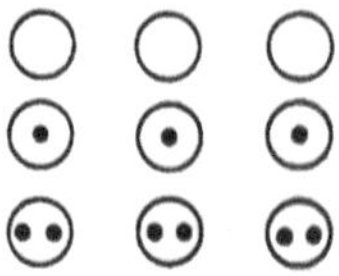

symmetrisch

Zur Entstehung eines Bahnmomentes ist es notwendig, daß durch Anwesenheit eines magnetischen Feldes die durchschnittliche Elektronendichte der einzelnen Orbitale geändert wird. Die Neuverteilung der Elektronen kann nur zwischen Orbitalen des gleichen Symmetrietyps erfolgen. Für Ionen der ersten Übergangsreihe kann das Entstehen eines Bahnmomentes folgendermaßen veranschaulicht werden: Damit ein Elektron ein Bahnmoment entlang einer Achse hat, muß es möglich sein, das mit diesem Elektron besetzte Orbital in ein völlig äquivalentes Orbital zu transformieren. Wendet man die z-Komponente des Bahnoperators $\bar{L}$ auf den winkelabhängigen Teil der Ψ-Funktion an, so ergeben sich folgende Transformationen für die d-Orbitale (s. S. 179)

$$\begin{aligned}
\bar{L}_z d_{xy} &= -2\hbar d_{x^2-y^2} \\
\bar{L}_z d_{xz} &= \hbar d_{yz} \\
\bar{L}_z d_{yz} &= -\hbar d_{xz} \\
\bar{L}_z d_{x^2-y^2} &= 2\hbar d_{xy} \\
\bar{L}_z d_z^2 &= 0
\end{aligned}$$

So gibt z. B. die Äquivalenz zwischen dem $d_{x^2-y^2}$-Orbital und dem d_{xy}-Orbital dem freien Ion ein Bahnmoment von $+2$ Einheiten $\hbar = h/2\pi$.

Dieser Rotationsmechanismus ändert sich durch die Anwesenheit eines Ligandenfeldes, das die Äquivalenz der 5 d-Orbitale mehr oder weniger aufhebt. In einem oktaedrischen Ligandenfeld werden die t_{2g}-Orbitale gegenüber den e_g-Orbitalen stabilisiert. Dadurch geht die Äquivalenz zwischen dem $d_{x^2-y^2}$-Orbital und dem d_{xy}-Orbital verloren, und somit werden zwei Einheiten des im freien Ion vorhandenen Bahnmomentes unterdrückt. Die d_{xz}- und d_{yz}-Orbitale sind noch äquivalent und bewirken eine Einheit zum Bahnmoment. Die e_g-Orbitale lassen sich durch die Anwendung des Bahnoperators $\overline{L}_z$ nicht ineinander überführen und können daher nicht zum Bahnmoment beitragen. Ebenso verhält es sich, wenn die t_{2g}-Orbitale symmetrisch, d. h. mit 0, 3 oder 6 Elektronen besetzt sind. Bei der Konfiguration d_ε^3 ist die Äquivalenz zwischen dem d_{xy}- und d_{xz}-Orbital nicht mehr vorhanden, denn bei Rotation um die z-Achse wird kein äquivalenter Zustand erhalten, da das d_{xy}-Orbital bereits mit einem Elektron besetzt ist. Bei asymmetrischer Besetzung der t_{2g}-Orbitale, d. h. mit 1, 2, 4 oder 5 Elektronen, erwartet man für oktaedrische Komplexe Bahnbeiträge.

Bei tetraedrischen Komplexen erwartet man für die Konfiguration d^1, d^2, d^6 und d^7 keinen Bahnbeitrag, während die Konfiguration d^3, d^4, d^8 und d^9 einen Bahnbeitrag liefern. Zu den gleichen Ergebnissen über zu erwartende Bahnbeiträge gelangt man nicht nur im Fall der Einelektronennäherung. Es ist dann notwendig, die Aufspaltung der spektroskopischen Grundterme durch das Ligandenfeld zu untersuchen. In Abb. 56 sind die Aufspaltungsbilder für D- und F-Terme in tetraedrischen und oktaedrischen Ligandenfeldern dargestellt. Man kann die Aussage machen, daß ein Bahnmoment nur dann auftritt, wenn ein dreifach entarteter Term Grundterm ist. Ein solcher Term ist infolge des sogenannten

„Jahn-Teller-Theorems“ geringfügig aufgespalten. Die Aufspaltung liegt im Bereich von kT, so daß eine Verteilung der Ionen über die Spaltzustände erfolgen kann. Wird der Grundterm durch ein Singulett gebildet, so soll kein Bahnmoment vorhanden sein. Ein zweifach entarteter Grundterm ist nach Bethe bezüglich des Bahnmomentes ein „unmagnetisches Dublett“. Diese Aussagen können in Tab. 19 mit den experimentellen Werten für Komplexionen der ersten Übergangsreihe mit oktaedrischer und tetraedrischer Konfiguration verglichen werden.

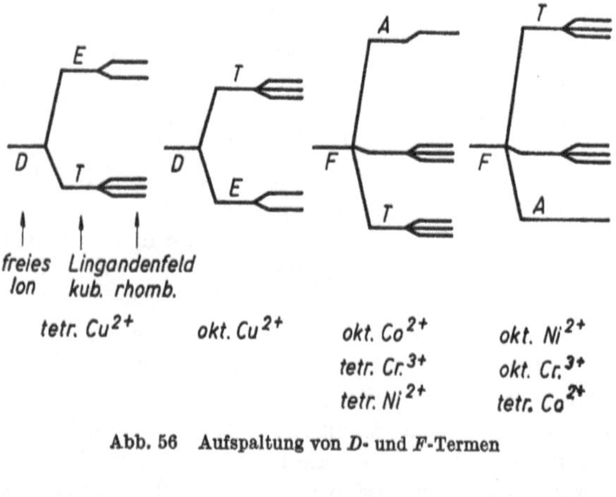

Abb. 56 Aufspaltung von D- und F-Termen

Es spaltet z. B. in einem oktaedrischen Ligandenfeld der siebenfach entartete F-Term des Co^{2+} in die Niveaus A_2, T_2 und T_1 auf. Grundterm ist das T_1-Niveau, das ein Bahnmoment liefert. Ebenso ist auch im ersten angeregten Zustand $(3\,d_\varepsilon)^4\,(d_\gamma)^3$ der Grundterm ein Triplett. Der zweite angeregte Zustand $(3\,d_\varepsilon)^3\,(d_\gamma)^4$ ist ein Singulett und trägt nicht zum Bahnmoment bei.

Anders ist es aber bei den Konfigurationen, bei denen eine vollständige Unterdrückung des Bahnmomentes stattfinden sollte. Die experimentell ermittelten magnetischen Momente liegen zum Teil erheblich über oder unter dem reinen Spinwert. So beobachtet man z. B. für tetraedrische Co^{2+}-Komplexe Momente von 4,3 bis 4,7 B.M., obwohl wegen des A_1-Grundniveaus nur ein reiner Spinwert von 3,88 beobachtet werden sollte. Diese Abweichung kann man dadurch erklären, daß infolge Spin-Bahn-Kopplung eine Wechselwirkung des Grundniveaus mit Niveaus der gleichen Multiplizität stattfindet, die ein Bahnmoment haben. Der Anteil der Zumischung aus dem ersten angeregten Zustand zum Grundzustand ist dem Abstand beider Terme umgekehrt proportional.

7.2. Grundzüge der Ligandenfeldtheorie (*)

Ein tieferes Verständnis für die Ligandenfeldwirkung konnte erst nach den grundlegenden Untersuchungen von Bethe erlangt werden. Der Aufbau der Elektronensysteme für Übergangsmetallionen ist für den Fall bekannt, daß diese Ionen nicht in Wechselwirkung mit Nachbarn stehen. Die Gesamtheit der möglichen Energiewerte stellt das Termschema des betreffenden Ions dar. Für magnetische Untersuchungen genügt bereits die Kenntnis des Grundzustandes und der ersten angeregten Zustände. Wird ein freies Ion in einen Komplex mit dem Kristallfeld V_K eingebaut, so erfolgt eine Deformation der Elektronenhülle. Das Termschema des freien Ions verändert sich so, daß einige Terme lediglich verschoben werden, während andere in mehrere Terme aufspalten. Die Termänderungen bestimmen das optische und magnetische Verhalten der Komplexionen.

Berücksichtigen wir zunächst nur die elektrischen Wechselwirkungen der Elektronen, dann enthält der Hamilton-Operator H neben der kinetischen Energie T_i, die potentielle Energie V_i im Kernfeld und die Wechselwirkungsenergie V_{ij} des i-ten mit dem j-ten Elektron.

$$\hat{H} = \sum_i T_i + \sum_i V_i + \sum_{i>j} V_{ij}$$

$$= \sum_i -\frac{\hbar^2}{2m} \Delta i - \sum_i \frac{Z e^2}{r_i} + \sum_{i>j} \frac{e^2}{r_{ij}}$$

$$\left(\Delta_i = \frac{\partial^2}{\partial x_i^2} + \frac{\partial^2}{\partial y^2} + \frac{\partial^2}{\partial z_i^2} \text{ für kartesische Koordination}\right)$$

$$= \frac{1}{r_i^2} \frac{\partial}{\partial r_i}\left(r^2 \frac{\partial}{\partial r_i}\right) + \frac{1}{\sin \vartheta_i} - \frac{\partial}{\partial \vartheta_i}\left(\sin \vartheta \frac{\partial}{\partial \vartheta_i}\right)$$

$$+ \frac{1}{\sin^2 \vartheta_i} \frac{\partial^2}{\partial \varphi^2} \quad \text{(für Kugelkoordinaten)}$$

$\hbar$ = $\frac{h}{2\pi}$ Plancksche Konstante
m = Elektronenmasse
Z = Kernladungszahl
e_i = Elektronenladung
r_i = Abstand des i-ten Elektrons vom Kern
r_{ij} = Abstand des i-ten Elektrons vom j-ten Elektron
ϑ, φ = Winkelkordinaten

Die Eigenwerte E der SCHRÖDINGER-Gleichung

$$\hat{H} \Psi = E \Psi$$

sind die gesuchten Energiezustände des Systems. Im allgemeinen sind die Energiezustände entartet, d. h. es existieren gleichzeitig mehrere Wellenfunktionen, die zum gleichen Energiezustand gehören.

Wird ein freies Ion in ein Kristallfeld mit dem Potential V_K hineingebracht, so ist der HAMILTON-Operator um das Potential V_K zu erweitern.

$$\hat{H} = \sum_i T_i + \sum_i V_i + \sum_{i>j} V_{ij} + V_K$$

Wenn das Kristallfeld V_K ebenfalls kugelsymmetrisch ist, kann es natürlich keine Termaufspaltung bewirken. Termaufspaltung tritt dann ein, wenn das Kristallfeld kubische, tetragonale oder noch niedrigere Symmetrie aufweist.

Die Kugelsymmetrie des freien Ions wird durch den Einfluß des Kristallfeldes durch jene Symmetriegruppe abgelöst, die die Ligandenanordnung bei Drehung oder Inversion in sich überführt. Aus der Vielfalt der Lösungen der SCHRÖDINGER-Gleichung $\hat{H}\Psi = E\Psi$ gelingt es mit Hilfe der Gruppentheorie, diejenigen Funktionen zu ermitteln, die auch Lösungen des die Kristallfeldstörung einschließenden HAMILTON-Operators sind. Das Störpotential V_K wird wegen der sphärischen Symmetrie des freien Ions nach orthonormierten Kugelfunktionen mit einem vom Radius und einem von den Winkelkoordinaten abhängigen Teil entwickelt:

$$K_K = \sum_l \sum_i \sum_m Y_l^m (\Theta_i, \varphi_i) R_{nl}(r_i)$$

i = Zahl der Elektronen, l = Bahnquantenzahl, m = magnetische Quantenzahl, r, Θ, φ = Kugelkoordinaten.

Für $l = 0$ (Kugelsymmetrie) wird der Energieterm eines Übergangsmetallions um den Betrag $\frac{1}{4\pi} R_0(r_i)$ verschoben, da für $l = 0$ $Y_0^0 = \frac{1}{4\pi}$ ist.

Die Reihenentwicklung für das Kristallfeldpotential V_K kann für d-Elektronen nach dem Entwicklungsterm 4. Ordnung abgebrochen werden. Verwendet man kartesische Koordinaten, so gilt nach SCHLAPP und PENNEY für d-Elektronen in kubischen Kristallfeldern

$$V_K = (x^4 + y^4 + z^4 - \frac{3}{5} r^4) \cdot D.$$

Die Aufspaltung in einem kubischen Kristallfeld, die für d-Elektronen beobachtet wird, ist dem Faktor D proportional. Die Größe der Aufspaltung kann mit Hilfe der Störungsrechnung bestimmt werden. Allgemein wird dieser Parameter jedoch den experimentell ermittelten Werten angepaßt. Nach BETHE werden S- und P-Terme in kubischen Kristallfeldern nicht aufgespalten; D-Terme zerfallen in einen zweifach und einen dreifach entarteten Term, während F-Terme in einen einfach und zwei dreifach entartete Terme aufspalten:

$$\begin{aligned} S(L = 0) &\longrightarrow A_1 \\ P(L = 1) &\longrightarrow T_1 \\ D(L = 2) &\longrightarrow E + T_2 \\ F(L = 3) &\longrightarrow A_2 + T_1 + T_2 \end{aligned}$$

In Kristallfeldern mit kubischer Symmetrie werden die Terme des Zentralions nicht mehr mit der in der Spektroskopie üblichen Symbolik bezeichnet, sondern man benutzt eine Nomenklatur nach BETHE bzw. MULLIKEN. Die Terme werden jetzt durch Angabe der irreduziblen Darstellung der Symmetriegruppen gekennzeichnet:

BETHE-Symbol	Γ_1	Γ_2	Γ_3	Γ_4	Γ_5
MULLIKEN-Symbol	A_1	A_2	E	T_1	T_2
Bahnentartungsgrad	1	1	2	3	3

Die Termintervalle des Komplexions lassen sich mit Hilfe der Ligandenfeldtheorie in D_q-Einheiten (s. S. 154) ausdrücken, so daß man nach Identifizierung einzelner Termlagen im Spektrum das gesamte Termschema aufstellen kann.

Die Nomenklatur nach MULLIKEN wird verwendet, wenn in die Rechnung nur einfache Gruppen eingehen. Bei Berücksichtigung des Elektronenspins werden Doppelgruppen erzeugt, die mit der BETHEschen Schreibweise bezeichnet werden.

7.3. *Ligandenfeldaufspaltung, Spin-Bahnkopplung und magnetische Feldwirkung (*)*

Brauchbare theoretische Aussagen über den Paramagnetismus lassen sich nur machen, wenn neben der Kristallfeldstörung auch die Spin-Bahnkopplung berücksichtigt wird. Die Spin-Bahn-Wechselwirkung ist ein innermagnetischer Effekt und beruht auf der gegenseitigen Beeinflussung der magnetischen Momente, die durch die Bewegung eines Elektrons auf der Bahn um den Atomkern und den Eigendrehimpuls erzeugt werden.

Wenn die Spin-Bahn-Wechselwirkung $\xi(LS)$ klein gegenüber der Elektronenabstoßung V_{ij} ist, liegt die sogenannte RUSSEL-SAUNDERS-Kopplung vor. Die Spin-Bahn-Wechselwirkung wird dann als kleine Störung im HAMILTON-Operator $\hat{H}$ betrachtet:

$$\hat{H} = \sum_i T_i + \sum_i V_i + \sum_{i>j} V_{ij} + \sum_i \xi(l_i s_i)$$

Die Multipletts werden dabei in Feinstrukturterme aufgespalten, die mit der Quantenzahl J bezeichnet werden. Die Störung ist von relativistischer Größenordnung und nimmt mit der Kernladungszahl zu. Für schwere Elemente nimmt sie Werte an, die die Elektronenwechselwirkungsenergie übertreffen. Bei der theoretischen Berechnung muß die Spin-Bahn-Kopplung in diesem Falle vor der Elektronenwechselwirkung in der Störungsrechnung berücksichtigt werden. Wenn die Spin-Bahnkopplung und Elektronenwechselwirkung von gleicher Größenordnung sind, liegt ein Kopplungsschema vor, das zwischen diesen beiden Extremen liegt.

Die Eigenwerte des Spin-Bahn-Kopplungsoperators bei Einelektronenproblemen ergeben sich als Produkte mit einem für gleiche l konstantem Faktor λ, genannt Spin-Bahn-Kopplungskonstante.

Die Spin-Bahn-Wechselwirkungskonstante λ kann in vielen Fällen experimentell bestimmt werden. Auch sie zeigt starke Abhängigkeit von der Kernladungszahl. Für Mehrelektronensysteme ergibt sich die Spin-Bahn-Kopplungskonstante ξ aus der Relation $\frac{\lambda}{\xi} = \pm 2S$. Das negative Vorzeichen gilt für die zweite Hälfte und das positive Vorzeichen für die erste Hälfte der Eisenreihe.

In der Literatur wurde bei der Berechnung der Spin-Bahn-Kopplungskonstanten ξ bzw. λ zumeist Zentralsymmetrie vorausgesetzt. Magnetochemische Messungen von OWEN haben z. B. gezeigt, daß λ im Hexaquo-Komplex des Nickels von $-324\ \mathrm{cm}^{-1}$ für das freie Ion auf einen Wert von $\lambda = -270\ \mathrm{cm}^{-1}$ reduziert wird. Man darf verallgemeinern, daß Ligandenfelder die Größe des Spin-Bahn-Kopplungsparameters mehr oder weniger beeinflussen.

Die Auswertung der experimentellen Ergebnisse hat ergeben, daß es zweckmäßig ist, die Ligandenfelder in drei Gruppen einzuteilen:

a) Starkes Ligandenfeld

Der Einfluß des Kristallfeldes ist so stark, daß die Wechselwirkung der Elektronen untereinander aufgehoben wird. In diesem Falle hebt das Feld die RUSSEL-SAUNDERS-Kopplung der Elektronen auf, d. h. die Quantenzahlen L und S sind keine guten Quantenzahlen mehr. An ihre Stelle treten die Besetzungszahlen der Unterschalen t_{2g} und e_g, wobei jede Unterschalenpermutation einer Konfiguration entspricht.

b) Schwaches Ligandenfeld

Die Beeinflussung des Atoms durch das Kristallfeld ist klein gegenüber der Spin-Bahn-Wechselwirkung, aber groß gegenüber der Wechselwirkung der Elektronen mit dem magnetischen Moment und dem elektrischen Quadrupolmoment des Kerns. Typische Vertreter dieser Gruppe sind die Ionen der seltenen Erden.

c) Mittelstarkes Ligandenfeld

Die Spin-Bahn-Wechselwirkung liegt etwa in der Größenordnung des Kristallfeldeinflusses. Der Fall eines mittleren Kristallfeldes liegt bei den Salzen der Eisenreihe vor. Die Unterdrückung des Bahnmoments der $3d$-Elektronen läßt sich durch die Einwirkung des Kristallfeldes auf die Bahnbewegung deuten. Die Stärke der Unterdrückung zeigt sich bei diesen Verbindungen in der Größe des g-Faktors.

In der zweiten Hälfte der Eisenreihe sind die gemessenen magnetischen Momente, wie wir gesehen haben größer als die nach der reinen Spinformel berechneten Werte. Bei diesen Ionen wird der bahnmagnetische Anteil des Moments nicht mehr vollständig unterdrückt. Der LANDÉsche Aufspaltungsfaktor (s. S. 69) ist für diese Ionen größer als 2, wie Spinresonanzmessungen gezeigt haben. Korrigiert man den reinen Spinwert mit dem für diese Substanzen gemessenen g-Faktor, so ergibt sich befriedigende Übereinstimmung mit den magnetisch gemessenen Werten, wenn für die Berechnung die Näherungsformel

$$\mu_{eff} = g\sqrt{S(S+1)}\mu_0$$

verwendet wird.

Untersuchungen, inwieweit der g-Faktor von den Liganden und der Symmetrie des Ligandenfeldes abhängt, sind mit Hilfe der Ligandenfeld-Theorie durchgeführt worden. Zu ihrer Erläuterung müssen wir etwas weiter ausholen. Für den winkelkoordinaten-abhängigen Teil der Ψ-Funktionen der D- und F-Zustände gelten folgende Beziehungen:

D-Zustände

$$Y_2^{-2} = \sqrt{\frac{5}{4\pi}}\sqrt{\frac{3}{8}}\frac{(x-iy)^2}{r^2}$$

$$Y_2^{-1} = \sqrt{\frac{5}{4\pi}}\sqrt{\frac{3}{2}}\frac{z(x-iy)}{r^2}$$

$$Y_2^{0} = \sqrt{\frac{5}{4\pi}}\sqrt{\frac{1}{4}}\frac{3z^2-r^2}{r^2}$$

$$Y_2^{1} = \sqrt{\frac{5}{4\pi}}\sqrt{\frac{3}{2}}\frac{z(x+iy)}{r^2}$$

$$Y_2^{2} = \sqrt{\frac{5}{4\pi}}\sqrt{\frac{3}{8}}\frac{(x+iy)^2}{r^2}$$

F-Zustände

$$Y_3^{-2} = \sqrt{\frac{7}{4\pi}}\sqrt{\frac{5}{16}}\,\frac{(x - iy)^3}{r^3}$$

$$Y_3^{-2} = \sqrt{\frac{7}{4\pi}}\sqrt{\frac{15}{8}}\,\frac{z(x - iy)^2}{r^3}$$

$$Y_3^{-1} = \sqrt{\frac{7}{4\pi}}\sqrt{\frac{3}{16}}\,\frac{(x - iy)\,(5z^2 - r^2)}{r^3}$$

$$Y_3^{0} = \sqrt{\frac{7}{4\pi}}\sqrt{\frac{1}{4}}\,\frac{z(5z^2 - 3r^2)}{r^3}$$

$$Y_3^{1} = \sqrt{\frac{7}{4\pi}}\sqrt{\frac{3}{16}}\,\frac{(x - iy)\,(5z^2 - r^2)}{r^3}$$

$$Y_3^{2} = \sqrt{\frac{7}{4\pi}}\sqrt{\frac{15}{8}}\,\frac{z(x + iy)^2}{r^3}$$

Die Störung, die durch ein z. B. kubisches Ligandenfeld verursacht wird, verändert die Energiezustände des freien Ions, und damit sind die aufgeführten Funktionen nicht mehr Eigenfunktionen des Hamilton-Operators. Man hat daher solche Linearkombinationen zu bilden, die sich genau so transformieren wie die e_g- und t_{2g}-Darstellung der Oktaedergruppe. Diese Linearkombinationen wurden zuerst von Bethe berechnet (Tabelle 23). Man nennt sie „symmetrieadaptierte" Funktionen.

Mit Hilfe der Funktionen in Tab. 23 lassen sich die magnetischen Eigenschaften der $3d$-Elektronen sowohl in oktaedrischen als auch in tetraedrischen Feldern berechnen. Durch Einbeziehung der beiden Spinfunktionen (α und β mit den Spin-Quantenzahlen $+{}^1/_2$ und $-{}^1/_2$) wird der Satz der Funktionen in Tab. 23 verdoppelt. Für die fünf bahnentarteten d-Funktionen ergeben sich somit zehn Funktionen. Mit Hilfe der Gruppentheorie läßt sich errechnen, welche irreduziblen

Darstellungen in den zehn Basisfunktionen der Doppelgruppe enthalten sind. Wegen der Hinzunahme des Spins werden die neuen Termsymbole mit der BETHEschen Γ-Nomenklatur gekennzeichnet.

Tabelle 23
Linearkombinationen der von den Winkelkoordinaten abhängigen ψ-Funktionen und ihre Transformationseigenschaften in einem Kristallfeld kubischer Symmetrie

S	A_1	Y_0^0
P	T_1	Y_1^{-1}
		Y_1^0
		$-Y_1^{-1}$
D	T_2	$\frac{1}{\sqrt{2}}(Y_2^2 - Y_2^{-2})$
		Y_2^1
		Y_2^{-1}
	E	$\frac{1}{\sqrt{2}}(Y_2^2 + Y_2^{-2})$
		Y_2^0
F	T_1	$\sqrt{\frac{3}{8}}\, Y_3^1 + \sqrt{\frac{5}{8}}\, Y_3^{-3}$
		$\sqrt{\frac{3}{8}}\, Y_3^{-1} + \sqrt{\frac{5}{8}}\, Y_3^3$
		Y_3^0
	T_2	$\sqrt{\frac{5}{8}}\, Y_3^1 - \sqrt{\frac{3}{8}}\, Y_3^{-3}$
		$\sqrt{\frac{5}{8}}\, Y_3^{-1} - \sqrt{\frac{3}{8}}\, Y_3^3$
		$\frac{1}{\sqrt{2}}(Y_3^2 + Y_3^{-2})$
	A_2	$\frac{1}{\sqrt{2}}(Y_3^2 - Y_3^{-2})$

Zwei Methoden stehen für die Berechnung zur Verfügung: Die von HARTMANN entwickelte Methode des schwachen Feldes, sowie die von TANABE und SUGANO für starke Felder. Die Methoden unterscheiden sich darin, in welcher Reihenfolge die Stör-Operatoren im HAMILTON-Operator bei der Berechnung der Energiezustände berücksichtigt werden. Die Methode des starken Feldes besteht darin, daß zunächst das Ligandenfeld eingeschaltet wird, wodurch ein d-Zustand in den t_{2g}- und e_g-Term aufgespalten wird. Die n-Elektronen sind dann unter Beachtung des PAULI-Prinzips so zu verteilen, daß im t_{2g}-Term maximal 6 Elektronen und im e_g-Term maximal 4 Elektronen enthalten sind.

Für den Fall eines oktaedrischen Nickelkomplexes mit der Elektronenverteilung $(t_{2g})^6\,(e_g)^2$ ergibt sich beispielsweise die Möglichkeit, die magnetischen Eigenschaften mit e_g-Funktionen zu berechnen. In der mit 6 Elektronen aufgefüllten t_{2g}-Unterschale (analog einer mit 10 Elektronen besetzten $3d$-Schale, z. B. Cu^+) heben sich die einzelnen Spinmomente gegenseitig auf, so daß nur diamagnetische Beiträge von dieser Schale im Magnetfeld zu erwarten sind. Der Paramagnetismus des Ni^{2+}-Ions rührt daher von den beiden ungepaarten Spinmomenten in der e_g-Unterschale her.

Nach Tab. 23 und S. 169 gilt (ohne Berücksichtigung der Spinfunktionen α und β sowie der Radialanteile und Normierungsfaktoren) für die e_g-Terme:

$$\frac{1}{\sqrt{2}}\,(Y_2^2 + Y_2^{-2}) = (x^2 - y^2)$$

$$Y_2^0 = (z^2)$$

Wegen der Nichtunterscheidbarkeit der Elektronen muß für die Berechnung die antisymmetrische Linearkombination der oben genannten Funktionen benutzt werden.

$$\Psi_{\mathrm{Ni}} = (x^2 - y^2)_I\,(z^2)_{II} - (x^2 - y^2)_{II}\,(z^2)_I$$

Der Grundzustand des zweiwertigen Nickels im oktaedrischen Ligandenfeld ist ein $^3A_{2g}$-Term (die Multiplizität des Grundzustandes ^3F bleibt beim Übergang des freien Ions in ein Kristallfeld erhalten). Seine vollständigen Zustandsfunktionen induzieren die irreduzible Darstellung Γ_2 der Doppelgruppe O'. Man benutze zur Ableitung die in den Büchern über Ligandenfeldtheorie angegebenen Charaktertafeln bzw. Produktdarstellungstabellen.

Die drei zu diesem Term gehörenden Wellenfunktionen ergeben sich bei Berücksichtigung des Spins zu

$$\Psi_1 = (x^2 - y^2)_I\, \alpha_I (z^2)_{II}\, \alpha_{II} - (x^2 - y^2)_{II}\, \alpha_{II} (z^2)_I\, \alpha_I$$

$$\Psi_2 = \frac{1}{\sqrt{2}} (x^2 - y^2)_I\, \alpha_I (z^2)_{II}\, \beta_{II} - (x^2 - y^2)_{II}\, \beta_{II} (z^2)_I\, \alpha_I$$
$$+ (x^2 - y^2)_I\, \beta_I (z^2)_{II}\, \alpha_{II} - (x^2 - y^2)_{II}\, \alpha_{II} (z^2)_I\, \beta_I$$

$$\Psi_3 = (x^2 - y^2)_I\, \beta_I (z^2)_{II}\, \beta_I - (x^2 - y^2)_{II}\, \beta_I (z^2)_I\, \beta_{II}$$

Die zusätzliche Energie, die das Nickelion im Magnetfeld der Stärke H aufnimmt, erhält man durch Errechnung des Erwartungswertes mit dem Operator, der die Störung durch das eingeschaltete Magnetfeld berücksichtigt. Für diesen Operator gilt $\hat{H}_m = \mu_0 H (\hat{L}_z + 2\hat{S}_z)$.

$$\langle \Psi | \hat{H}_m | \Psi \rangle = E$$

$$\langle ^3A_{2g}(\Gamma_5) \,|\, \mu_0 H (\hat{L}_z + 2\hat{S}_z) |\, ^3A_{2g}(\Gamma_2) \rangle = E$$
$$= g\mu_0 H$$

Die Berechnung des Erwartungswertes E vollzieht sich in zwei Schritten: Zuerst wirkt der HAMILTON-Operator $\mu_0 H (\hat{L}_z + 2\hat{S}_z)$ auf die rechts von ihm stehende Funktion und erzeugt eine neue Funktion. Dann wird unter Beachtung der Orthonormalität der Wellenfunktionen der Erwartungswert berechnet. Wir rechnen als Beispiel die Wirkung des Magnetfeldoperators auf die Funktion Ψ_1 aus. Dabei verwenden wir eine etwas übersichtlichere Bezeichnungsweise, die wohl ohne weiteres verständlich ist (der Spinzustand wird mit + oder — bezeichnet). Es gelten noch folgende Bezeichnungen bzw. Beziehungen: $x^2 - y^2 = \varphi_1$, $z^2 = \varphi_2$,

$$\Psi_1 = \Phi(\varphi_1^+, \varphi_2^+), \quad \langle \Psi_m \mid \Psi_n \rangle = \begin{matrix} 1 & (m = n) \\ 0 & (m \neq n) \end{matrix}$$

Wir erhalten schließlich:

$$\begin{aligned} E &= \mu_0 H \langle \Phi(\varphi_1^+, \varphi_2^+) \mid (L_{1z} + 2S_{1z}) + \\ &\quad + (L_{2z} + 2S_{2z}) \mid \Phi(\varphi_1^+, \varphi_2^+) \rangle \\ &= \mu_0 H [\langle \varphi_1^+ \mid L_{1z} + 2S_{1z} \mid \varphi_1^+ \rangle + \langle \varphi_2^+ \mid L_{2z} + 2S_{2z} \mid \varphi_2^+ \rangle] \\ &= \mu_0 H [\langle + \mid + \rangle \langle \varphi_1 \mid L_{1z} \mid \varphi_1 \rangle + \langle \varphi_1 \mid \varphi_1 \rangle \langle + \mid 2S_{1z} \mid + \rangle \\ &\quad + \langle + \mid + \rangle \langle \varphi_2 \mid L_{2z} \mid \varphi_2 \rangle + \langle \varphi_2 \mid \varphi_2 \rangle \langle + \\ &\quad + \mid 2S_{2z} \mid + \rangle] \\ &= \mu_0 H [1 \cdot 0 + 1 \cdot 1 + 1 \cdot 0 + 1 \cdot 1] \\ &= 2\mu_0 H = E = g\mu_0 H \\ g &= 2 \end{aligned}$$

Für die zweite Funktion des ${}^3A_{2g}(\Gamma_2)$-Tripletts erhält man den Erwartungswert 0, während die dritte Funktion die Aufspaltung $g = -2$ ergibt, d. h., es resultiert ein Landéscher Aufspaltungsfaktor $g = 2$.

Die aus Suszeptibilitäts- und ESR-Messungen ermittelten g-Faktoren sind sämtlich größer als 2. Daraus folgt, daß im Hamilton-Operator ein Störterm nicht berücksichtigt worden ist. Dieser unberücksichtigte Operator enthält die Spin-Bahn Kopplung $H = \lambda(\hat{L}\hat{S})$.

Die Spin-Bahn-Kopplung bewirkt nun, daß die Funktionen für den Term ${}^3A_{2g}$ des Grundzustandes keine Eigenfunktionen mehr sind. Die zusätzliche Störung durch die LS-Kopplung führt zu einer Konfigurations-Wechselwirkung zwischen dem Grundterm und dem ersten angeregten Zustand ${}^3T_{2g}$. Daraus resultiert eine neue Eigenfunktion, in der sowohl ${}^3A_{2g}$- als auch ${}^3T_{2g}$-Wellenfunktionen enthalten sind. Der Anteil der Zumischung aus dem ersten angeregten Zustand ist dem Abstand beider Terme umgekehrt proportional. LIEHR und BALLHAUSEN haben einen Faktor von $\frac{2\lambda\sqrt{2}}{10Dq}$ für die Beeinflussung durch den $^3T_{2g}$-Term ermittelt. Somit ergibt sich für die Ψ-Funktion

$$\Psi = {}^3A_{2g}(\Gamma_2) - \frac{2\sqrt{2}\,\lambda}{10Dq}\,{}^3T_{2g}(\Gamma_5)$$

Für die Aufspaltung im Magnetfeld gilt dann analog

$$g = \langle {}^3A_{2g}(\Gamma_2) - \frac{2\sqrt{2}\,\lambda}{10Dq}\,{}^3T_{2g}(\Gamma_5)\,|\hat{L}_z + 2\hat{S}_z|$$

$$ {}^3A_{2g}(\Gamma_2) - \frac{2\sqrt{2}\,\lambda}{10Dq}\,{}^3T_{2g}(\Gamma_5)\rangle$$

Die Ausrechnung ist kompliziert und kann hier nicht durchgeführt werden. Als Resultat der Berechnung wird jetzt folgender g-Faktor erhalten:

$$g = 2 - 8\lambda/10Dq$$

Wie in Kap. 7.4. gezeigt werden wird, ermöglicht die Kenntnis des Ligandenfeldstärkeparameters $10\,Dq$ und somit des g-Faktors für bestimmte Grundzustände eine relativ einfache Berechnung der magnetischen Suszeptibilität.

7.4. *Theorie der Temperaturabhängigkeit der effektiven magnetischen Momente von Schwermetallkomplexen (*)*

Ausgangspunkt aller Berechnungen ist die van VLECKsche Formel (s. S. 88). Nach Festlegung der Symmetrie eines Komplexions werden die Elektronenzustandsfunktionen Ψ nach den in 7.2. und 7.3. angedeuteten Methoden bestimmt. Daran anschließend sind die Erwartungswerte des magnetischen Moments

$$E^{(1)}{}_{n,m} = \langle \Psi | \beta_0 H (\hat{L} + 2\hat{S}) | \Psi \rangle$$

zu bilden und in die van VLECK-Formel einzusetzen. Der Störterm 2. Ordnung wird zumeist vernachlässigt.

Die ersten Arbeiten dieser Art veröffentlichten SCHLAPP und PENNEY. Für Ionen der seltenen Erden wurde sehr gute Übereinstimmung zwischen den von ihnen berechneten und anderweitig gemessenen Daten festgestellt. Die Erfolge ließen sich aber nicht auf $3d$-Elektronensysteme ausweiten.

Unter Voraussetzung eines kubischen Kristallfeldes mit rhombischem Potentialanteil stimmen die berechneten μ_{eff}-Werte für Nickel, Chrom und Kobalt nur qualitativ mit den experimentellen Ergebnissen überein. 1949 wurden die theoretischen Untersuchungen von KOTANI auf sechsfach koordinierte Übergangsmetallkomplexe in starken Kristallfeldern ausgedehnt. Nach den Berechnungen sind die magnetischen Momente sowohl für $(t_{2g})^5$- und $(t_{2g})^1$- als auch für $(t_{2g})^2$- und $(t_{2g})^4$-Systeme temperaturabhängig. Es werden Exponentialfunktionen erhalten. Für eine $(t_{2g})^4$-Konfiguration ergibt sich folgendes magnetisches Moment:

$$\mu_{\text{eff}}^2 = \frac{3\left\{24 + \left(\frac{x}{2} - 9\right)e^{-\frac{1}{2}x} + \left(\frac{5}{2}x - 15\right)e^{-\frac{3}{2}x}\right\}}{x\left(1 + 3\,e^{-\frac{1}{2}x} + 5e^{-\frac{3}{2}x}\right)}$$

$$x = \frac{\lambda}{kT}$$

Ein Schüler KOTANIS, KAMIMURA, erweiterte die theoretischen Untersuchungen für den Fall, daß dem starken Feld eine trigonale und tetragonale Komponente überlagert ist.

Für dieses Problem lautet der HAMILTON-Operator:

$$\hat{H} = \hat{H}_0 + \hat{V}_{\text{kub}} + \hat{V}_{\text{tetr}} + \lambda(\hat{L}\hat{S}) + \beta_0 H(\hat{L} + 2\hat{S})$$

Das zusätzliche Kristallpotential V_{tetr} hebt die dreifache Bahnentartung des T_{2g}-Terms auf und erhöht somit die Anzahl der Energieniveaus. Den von KAMIMURA ausgeführten Berechnungen liegen folgende Annahmen zugrunde.

a) Austauschkopplung zwischen den paramagnetischen Ionen ist zu vernachlässigen.
b) Das trigonale bzw. tetragonale Potential und die Spin-Bahn-Kopplungsenergie sind von gleicher Größenordnung.
c) Für das tetragonale Potential gilt die Entwicklung

$$V_{\text{tetr}} = A \sum_i (3z_i^2 - r_i^2)$$

d) Das kubische Feld ist so stark, daß die (t_{2g})- und (e_g)-Orbitale sehr stark aufgespalten werden.

Unter diesen Voraussetzungen konnte KAMIMURA das magnetische Moment als Funktion zweier Parameter bestimmen. Durch geeignete Variationen der Parameter läßt sich für einen beschränkten Temperaturbereich eine befriedigende Übereinstimmung mit den Meßwerten erzielen. Der Autor vermutet, daß eine weit bessere Anpassung möglich ist, wenn der Koeffizient A als temperaturabhängig betrachtet wird.

GRIFFITH hat versucht, das magnetische Moment von $3d$-Ionen auf einem anderen Wege zu berechnen, indem die von ABRAGAM und PRYCE gefundene Äquivalenz zwischen (t_{2g})- und p-Funktionen benutzt wird. Danach sind die Matrix-Elemente der t_{2g}-Darstellung von $3d$-Elektronen den Elementen der t_{1g}-Darstellung von p-Funktionen proportional.

Die sich ergebenden Vereinfachungen ermöglichen die explizite Angabe der Temperaturabhängigkeit des Moments für d^6- bzw. d^7-Elektronen im oktaedrischen Feld. Die Übereinstimmung mit experimentellen Werten ist nur qualitativ zufriedenstellend. Die magnetischen Momente für d^4-, d^5-, d^8- und d^9-Systeme sind in der GRIFFITHschen Näherung im Gegensatz zu den experimentellen Befunden völlig temperaturunabhängig.

Weitere Versuche, die Temperaturabhängigkeit des Moments theoretisch zu bestimmen, sind von FIGGIS und Mitarbeitern unternommen worden. Die für verschiedenste Symmetrieverhältnisse in schwachen und mittelstarken Kristallfeldern ermittelten Werte stimmen nur in wenigen Fällen mit dem Experiment überein.

Für einige Ionen der Eisenreihe läßt sich die Suszeptibilität sehr einfach berechnen, wenn Wellenfunktionen nullter Näherung (also ohne Berücksichtigung der Spin-Bahn-Kopplung) nach der Methode des starken Feldes verwendet werden: für e_g-Terme die Funktionen (z^2) und $(x - y^2)$, für t_{2g}-Terme die Funktionen (xy), (xz) und (yz).

Zunächst sind die Funktionen zu bestimmen, die durch Anwendung der z-Komponente der Operatoren $\hat{L}$ und $\hat{S}$ erzeugt werden, wobei der Operator $\hat{L}$ auf den von den Winkelkoordinaten abhängigen Teil der Wellenfunktionen wirkt.

Für einen Einelektronenzustand, der durch die Quantenzahlen (l, m_l, s, m_s) charakterisiert wird, gilt

$$\hat{l}_z(l, m_l, s, m_s) = m_l(l, m_l, s, m_s)$$
$$\hat{s}_z(l, m_l, s, m_s) = m_s(l, m_l, s, m_s)$$

(Mehrelektronensysteme werden durch große Buchstaben gekennzeichnet: $\hat{L} = \sum\limits_i \hat{l}_i$, $L = \sum\limits_i l_i$, $M_1 = \sum\limits_i m_{l_i}$ usw.). Aus der Quantenmechanik sind die Beziehungen bekannt

$$ih\hat{L}_z = \hat{L}_x\hat{L}_y - \hat{L}_y\hat{L}_x$$
$$\hat{L}_y = -ih\left(z\frac{\partial}{\partial x} - x\frac{\partial}{\partial z}\right)$$
$$\hat{L}_x = -ih\left(y\frac{\partial}{\partial z} - z\frac{\partial}{\partial y}\right)$$

Wendet man z. B. den Bahnoperator L_z auf das t_{2g}-Orbital (xz) an, so gilt (bei Weglassen von $\hbar$)

$$L_z(xz) = L_x\left[-z\frac{\partial xz}{\partial x} + x\frac{\partial xz}{\partial z}\right] + L_y\left[y\frac{\partial xz}{\partial z} - z\frac{\partial xz}{\partial y}\right]$$
$$= L_x(x^2 - z^2) + L_y(xy) = 2iyz - iyz = iyz$$

Für die übrigen d-Orbitale erhält man

$$\hat{L}_z(xy) = -2i(x^2 - y^2)$$
$$\hat{L}_z(yz) = -i(xz)$$
$$\hat{L}_z(z^2) = 0$$
$$\hat{L}_z(x^2 - y^2) = 2i(xy)$$

Wir wollen nur einige Berechnungsbeispiele für Metallionensuszeptibilitäten für kubische Ligandenfelder anführen.

7.4.1. Berechnung der Suszeptibilität des Cu^{2+}-Ions in einem oktaedrischen Ligandenfeld

Der Grundzustand ist ein ${}^2E_g(t_{2g})^6\,(te_g)^3$-Term, der 4fach entartet ist und somit $4\,E_g$-Funktionen besitzt. In einem Magnetfeld H wird der ${}^2E_g$-Term zweifach aufgespalten:

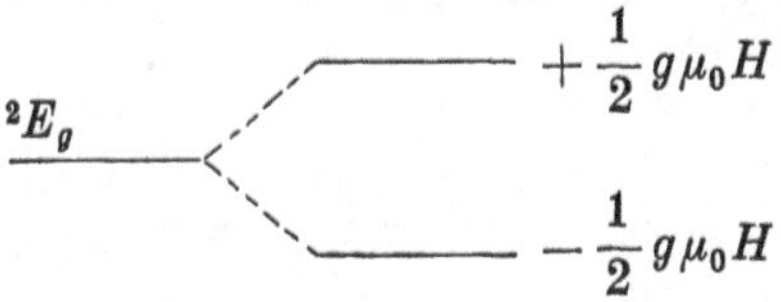

Man erhält folgende E_g-Funktionen:

$$E_g(1) = (x^2 - y^2)\beta$$
$$E_g(2) = (x^2 - y^2)\alpha$$
$$E_g(3) = (z^2)\beta$$
$$E_g(4) = (z^2)\alpha$$

Die Berechnung der $4 \cdot 4$ Matrixelemente ($m = 1, \dots 4$, $n = 1, \dots 4$) $\langle \Psi_m | \mu_0 H (\hat{L}_z + 2\hat{S}_z) | \Psi_n \rangle$ zeigt, daß alle Elemente außerhalb der Hauptdiagonale verschwinden. Man erhält die Energiewerte

$$E_{11} = E_{33} = -\frac{1}{2} g \mu_0 H$$

$$E_{22} = E_{44} = +\frac{1}{2} g \mu_0 H$$

Da $\mu = \frac{-\partial E_{nm}}{\partial H} = E^{(1)}_{n,m}$, ergeben sich vier Summanden in der van VLECKschen Formel. Vernachlässigt man weiterhin den temperaturunabhängigen Paramagnetismus, so folgt für die Suszeptibilität wenn die Aufspaltung des Grundzustandes klein gegen kT ist:

$$\chi = N \sum_{n,m} \frac{[E^{(1)}_{0,m}]^2}{jm\, kT}$$

(jm = Entartungsgrad des Grundzustandes) (hier 2×2)

Für die Suszeptibilität des Cu^{2+}-Ions im oktaedrischen Feld ergibt sich ($\mu_0 \equiv \beta_0$)

$$\chi_{Cu^{2+}} = N \frac{\{2(+{}^1/_2 g\beta_0)^2 + 2(-{}^1/_2)\, g\beta_0)^2\}}{4kT}$$

Mit $\frac{N\beta_0^2}{k} = \frac{3}{8}$ erhält man

$$\chi_{Cu^{2+}} = \frac{3}{32} \frac{g^2}{T}$$

7.4.2. Berechnung der Suszeptibilität für oktaedrisch koordinierte Ni^{2+}-Ionen

Im Kristallfeld oktaedrischer Symmetrie ist der Grundzustand des Ni^{2+}-Ions ein $^3A_2$-Term. Die Spinentartung dieses Terms wird im Magnetfeld aufgehoben:

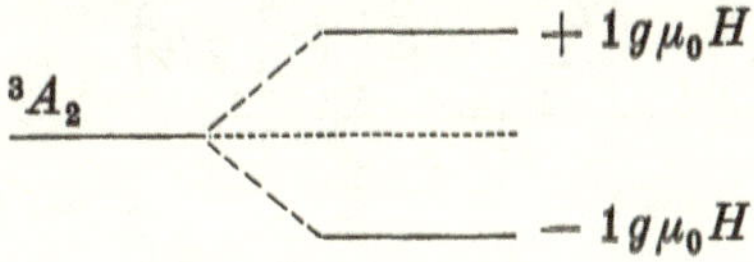

Für die Suszeptibilität ergibt sich aus der van VLECKschen Formel

$$\chi_{Ni^{2+}} = \frac{N}{3kT} \{(+1 g\beta)^2 + (-1 g\beta^2))\} = \frac{1}{4} \frac{g^2}{T} .$$

7.4.3. Berechnung der Suszeptibilität für tetraedrisch koordinierte Co^{2+}-Ionen

Im Ligandenfeld T sind für den $^4A_2$-Grundzustand des tetraedrisch koordinierten Co^{2+}-Ions folgende Spinanordnungen, die sich durch die z-Komponenten der magnetischen Spinquantenzahl M_s charakterisieren lassen, möglich:

$$M_s = +\frac{3}{2}; \quad +\frac{1}{2}; \quad -\frac{1}{2}; \quad -\frac{3}{2}.$$

Für die Suszeptibilität ergibt sich somit:

$$\chi_{Co^{2+}} = \frac{N}{4kT} \left(+\frac{3}{2} g\beta_0\right)^2 + \left(+\frac{1}{2} g\beta_0\right)^2 + \left(-\frac{1}{2} g\beta_0\right)^2 + \left(-\frac{3}{2} g\beta_0\right)^2 = \frac{15}{32} \frac{g^2}{T}$$

7.4.4. *Berechnung der Suszeptibilität für kubisch koordinierte Mn^{2+}-Ionen*

Für die Suszeptibilität des ${}^6A_2$-Grundzustandes des Mn^{2+} erhält man

$$\mathrm{Mn}^{2+} = \frac{N}{6}\,\frac{\left(+\frac{5}{2}g\beta_0\right)^2+\left(+\frac{3}{2}g\beta_0\right)^2\left(+\frac{1}{2}g\beta_0\right)^2}{kT}$$

$$\frac{+\left(-\frac{5}{2}g\beta_0\right)^2+\left(-\frac{3}{2}g\beta_0\right)^2+\left(-\frac{1}{2}g\beta_0\right)^2}{kT}$$

Gelingt es auf Grund eines Absorptionsspektrums, das Termschema aufzustellen, so ist es unter Zuhilfenahme der Ligandenfeldtheorie möglich, die Suszeptibilität zu berechnen. Umgekehrt läßt sich aber im allgemeinen das Termschema aus der Suszeptibilität allein nicht aufbauen. Der Grund ist darin zu suchen, daß in der Suszeptibilität die magnetischen Momente aller zum Grundzustand gehörenden Terme enthalten sind. Wenn der Grundzustand durch Feldkomponenten niedriger Symmetrie und durch Spin-Bahn-Kopplung aufgespalten wird, so tritt bereits bei Zimmertemperatur eine Besetzung aller Terme auf, die weniger als 200 cm^{-1} vom niedrigsten Niveau entfernt sind. Da in sehr vielen Fällen der magnetische Beitrag der einzelnen Terme zum magnetischen Gesamtmoment verschieden ist, kann mittels einer Suszeptibilitätsmessung nur das mittlere Moment des Grundtermintervalls angegeben werden.

Im Zusammenhang mit spektroskopisch gewonnenen Daten können jedoch, wie wir gesehen haben, auch Suszeptibilitätsmessungen an Ionen in Ligandenfeldern wertvolle theoretische Hinweise geben.

8. Ausblick auf den Festkörper-Magnetismus

Bei der Zusammenlagerung von Atomen, Ionen oder Molekülen zu Festkörper-Gitterstrukturen, tritt eine Vielzahl von neuen magnetischen Erscheinungen auf. Insbesondere bei Metallen ergibt sich ein fast verwirrend vielfältiges Zusammenwirken von magnetischen Erscheinungen, von denen einige nur bei Festkörpern auftreten, andere uns aber bereits bekannt sind (z. B. Ionen- bzw. Atom-, Para- oder Diamagnetismus). Der Festkörper-Magnetismus, insbesondere der Magnetismus der Metalle ist heute ein fast unübersehbares Forschungsgebiet der Festkörperphysik geworden und kann deshalb hier nur im Hinblick auf einige Aspekte der chemischen Strukturforschung gestreift werden.

Bei den Metallen ist besonders auffällig, daß wir neben dem lange bekannten Ferromagnetismus bei Eisen, Kobalt oder Nickel sowohl Dia- als auch Paramagnetismus antreffen. Zum Beispiel sind die Alkalimetalle, aber auch schwerere Metalle, wie Mo, Wo oder U paramagnetisch. Dagegen sind Cu, Ag, Au und viele andere Metalle der zweiten und dritten Spalte des periodischen Systems schwach diamagnetisch. Um dies verstehen zu können, müssen wir zuerst den Magnetismus des Elektronengases der Metalle behandeln. Die Pionierarbeit auf diesem Gebiet leisteten Dorfman, Pauli, Landau und Peierls.

8.1. Magnetismus des Elektronengases

8.1.1. Paramagnetismus des Elektronengases

Die Paulische Theorie des Paramagnetismus der Leitungselektronen der Metalle wird in ihrem Grundgedanken in Abb. 57 dargestellt. Die N-Leitungselektronen eines einwertigen Metalls besetzen die untere Hälfte ihres $2N$ fassenden Energiebandes, wobei auf Grund der asymmetrischen Quantenstatistik, der FERMI-Statistik, jeder Quantenzustand mit zwei Elektronen besetzt ist, die antiparallel ausgerichtete Spinmomente aufweisen müssen. Die makroskopische Magnetisierung ist also gleich Null. Legen wir ein magnetisches Feld H an, richtet sich die Hälfte aller Spinmomente in Feldrichtung aus und die andere Hälfte gegen die Feldrichtung. Wir haben also zwei „Teil-Elektronengase" und können uns das Energieband als aus zwei Halbbändern A und B zusammengesetzt vorstellen, wie es Abb. 57a zeigt. Wir müssen jedoch berücksichtigen, daß die beiden Halbbänder um die Energiedifferenz ΔE gegeneinander verschoben sind. ΔE hängt mit der Feldstärke H wie folgt zusammen.

$$\Delta E = 2\mu H$$

Wie Abb. 57b zeigt, sind nun die FERMIschen Grenzenergien

$$\zeta = \frac{h^2}{8m} n^{2/3}$$

(n = Dichte der Leitungselektronen je cm^3)

der obersten besetzten Zustände der beiden Halbbänder nicht mehr gleich. Infolgedessen werden aus dem höheren Halbband A soviele Elektronen nach B abfließen, bis die beiden FERMI-Oberflächen gleiches Niveau haben. Danach aber enthält das Gesamtband, wie Abb. 57c zeigt, mehr Elektronen mit zum Feld parallelem Spin als Elektronen mit entgegengesetztem Spinmoment. PAULI berechnet für die daraus resultierende Volumensuszeptibilität folgenden Ausdruck

$$\varkappa_p = \frac{12 m \mu^2}{h^2} n^{1/3} \left(\frac{\pi}{3}\right)^{2/3}$$

Wir können aus diesen Zusammenhängen auch noch die wichtige Folgerung ziehen, daß die Zahl der Über-

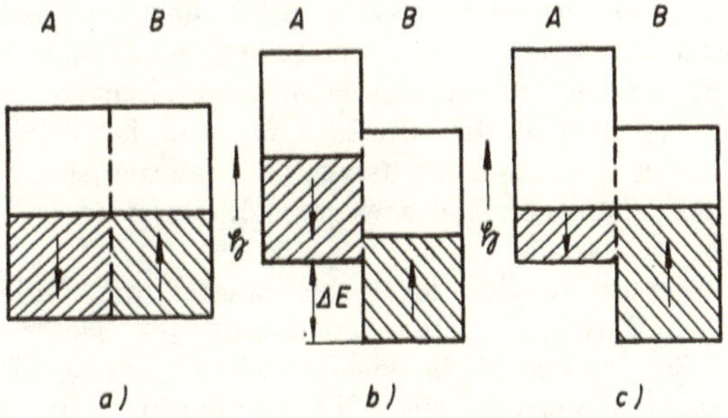

Abb. 57 Zum Paramagnetismus des Elektronengases

schußelektronen einer Spinrichtung um so größer ist, je kleiner die Bandbreite des Leitungselektronenbandes ist. Wir sehen also, daß der Paramagnetismus des Elektronengases mit der Bandbreite des Leitungsbandes zusammenhängt.

8.1.2. Diamagnetismus des Elektronengases

Neben dem Spin-Paramagnetismus gibt es auch noch einen Bahndiamagnetismus des Elektronengases. Dieser Diamagnetismus kann auf klassischer Grundlage nicht verstanden werden. Erst LANDAU konnte mit Hilfe der Quantenmechanik zeigen, daß die Translationsbewegung freier Metallelektronen zu einem solchen diamagnetischen Effekt führt. Wirkt ein Magnetfeld auf ein Ensemble freier Elektronen, so hat die Projektion der Elektronenbewegung auf eine Fläche senkrecht zur Magnetfeld-Richtung wegen der Krümmung der Elektronenbahn im Feld die Form geschlossener Kreise. Im Rahmen der Quantenmechanik wird eine solche klassische Bewegung gequantelt. Daher haben die Elektronen unter Magnetfeld-Einwirkung eine andere Energie und es resultiert ein von null verschiedener diamagnetischer Effekt. Er entspricht in erster Näherung gerade einem Drittel des paramagnetischen Spinbeitrages des Elektronengases. Im Unterschied zu diesem Paramagnetismus ist dieser Diamagnetismus-Beitrag um so größer, je größer die Breite des Energiebandes der Elektronen ist. Dies rührt daher, daß sich die Elektronen im Metall um so freier bewegen können, je größer die Bandbreite ist.

Beobachtet werden kann immer nur die Differenz zwischen Para- und Diamagnetismus des Elektronengases. Sie entspricht in vielen Fällen annähernd den gemessenen Werten. Die Theorie ergibt z. B. beim Natrium-Metall für den PAULIschen Paramagnetismus $+1{,}1 \cdot 10^{-6}$, für den LANDAUschen Diamagnetismus $-0{,}23 \cdot 10^{-6}$, für den Diamagnetismus der Rumpfionen $-0{,}18 \cdot 10^{-6}$. Daraus resultiert der Wert $+0{,}70 \cdot 10^{-6}$, der experimentelle Wert $+0{,}63 \cdot 10^{-6}$.

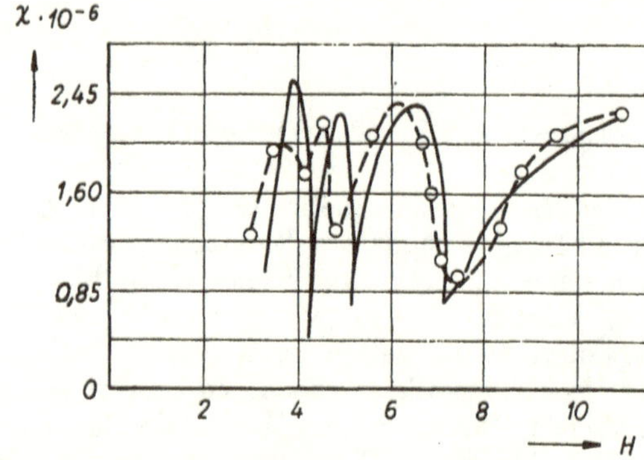

Abb. 58 DE HAAS-VAN ALPHEN-Effekt

PEIERLS konnte auf Grund theoretischer Erwägungen zeigen, daß unter Umständen durch die Feldeinwirkung auf die Elektronenbahnen im Metall auch Paramagnetismus resultieren kann. Auch die eigenartige periodische Feldabhängigkeit der Magnetisierung bei tiefen Temperaturen, der sogenannte DE HAAS-VAN ALPHEN-Effekt konnte von PEIERLS gedeutet werden. Dieser Effekt, der beim Wismut entdeckt wurde (s. Abb. 58) tritt bei sehr tiefen Temperaturen auch bei Zn, Sn, Be, Mg, In, K und Graphit auf.

8.2. Spinorientierungen durch interatomare Austausch-Wechselwirkungen

8.2.1. Antiferromagnetismus

Wir haben im Kap. 7 ausschließlich Fälle betrachtet, bei denen keine Wechselwirkung zwischen den paramagnetischen Zentren (Ionen, Atome, Radikalmoleküle) bestand. In sehr vielen Fällen, insbesondere in Festkörpern mit Gitterstrukturen bestimmter Ordnung spielt eine interatomare Spin-Spin-Wechselwirkung (von der Beteiligung von Bahnmomenten an solchen Wechselwirkungen sehen wir ab) eine große Rolle. Sie wird formal durch den Ausdruck

$$\Delta E = J \cdot S_a \cdot S_b$$

beschrieben. S_a und S_b sind die Spinmomente benachbarter Ionen und J ist die Austausch-Kopplungs-Konstante, die durch ein „Austausch-Integral" wiedergegeben wird. Ist J positiv, so wird durch die Parallelstellung Energie gewonnen, ΔE ist positiv, im umgekehrten Fall ist die Antiparallelstellung energetisch bevorzugt. Der erste Fall liegt dem Phänomen des Ferromagnetismus zugrunde, der zweite Fall dem des Antiferromagnetismus. Im allgemeinen erstreckt sich bei diesen Erscheinungen die Wechselwirkung über ganze Kollektive von Einzelspins bzw. über das gesamte Gitter. Wir wollen zuerst den besonders einfachen Fall der Wechselwirkung von nur zwei Ionen betrachten. Er ist z. B. verwirklicht im Kupfer-II-acetat. Die Gitteranordnung ist hier so beschaffen, daß jeweils zwei Cu-Ionen $\left(S = \frac{1}{2}\right)$ in Spin-Wechselwirkung treten mit

$J \approx -300\ cm^{-1}$. Bei Zimmertemperatur ($kT \approx 200\,cm^{-1}$) ist der obere Zustand ($\vec{S}_a + \vec{S}_b = 1$) besetzt, und es resultiert ein Moment von 1,4 Magnetonen pro Cu-Ion. Bei niedrigen Temperaturen ist nur der Zustand $\vec{S}_a + \overleftarrow{S}_b = 0$ besetzt.

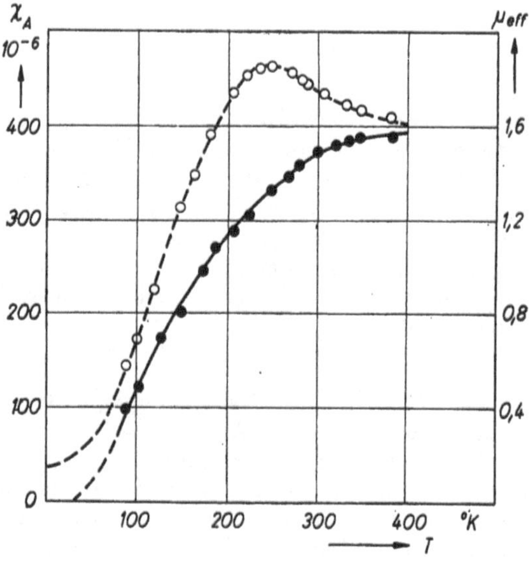

Abb. 59 Temperaturabhängigkeit der Suszeptibilität von Cu-II-Acetat

○ χ_A (Experiment)
● μ_{eff} (Experiment)
---- Theoretischer Verlauf

Abb. 59 zeigt die Temperaturabhängigkeit der Suszeptibilität von Cu-II-Acetat-Monohydrat.

Eine genauere Behandlung erfordert auch die Mitberücksichtigung der Bahnmomente. Der vollständige

Ausdruck für die Cu-II-Suszeptibilität im Cu-II-Acetat-Monohydrat lautet

$$\chi_\omega = g^2 \cdot \frac{N\beta^2}{3kT} \cdot 3 \cdot \frac{\exp\left(\frac{J}{kT}\right)}{1 + 3\exp\left(\frac{J}{kT}\right)} + N\alpha$$

Die CURIE-WEISS-Konstante Θ errechnet sich für den Fall zweier wechselwirkender Spins zu $\Theta = \frac{1}{4}J$. Abb. 59 entnehmen wir, daß vom Maximum der Suszeptibilitätskurve (hier $\approx 270\,°\mathrm{K}$) ab, „normaler" Paramagnetismus resultiert. Die Temperatur dieses Maximums wird NÉEL-Temperatur genannt $\left(\text{hier } T_N = \frac{5}{2}\Theta = \frac{5}{8}J\right)$ (nach dem französischen Physiker NÉEL, der sich besonders um die Erforschung des Antiferromagnetismus verdient gemacht hat). Häufig ist dieses Maximum sehr breit und daher T_N sehr schlecht definiert.

Antiferromagnetisches Verhalten finden wir natürlich vor allem bei den bi- und polynuklearen Komplexen, insbesondere mit Fe^{3+} und Cr^{3+}. Die Größe von J hängt von der Überlappungsmöglichkeit der d-Funktionen benachbarter Ionen, also vom Kovalenzanteil ab. Die Austauschkopplung ist z. B. beim

$$[Cl_5Ru{-}O{-}RuCl_5]^{4-}$$

durch Vermittlung der Ru—O—π-Bindung so stark, daß die Substanz diamagnetisch ist.

Die moderne Koordinationschemie hat unsere Kenntnisse über die Ion-Ion-Spin-Wechselwirkung beträchtlich erweitert. Über die bindungstheoretischen Voraussetzungen des Antiferromagnetismus ist ebenfalls in letzter Zeit sehr viel gearbeitet worden. Die sogenannte „indirekte" Austauschkopplung (superexchange), wie sie z. B. bei Oxidgittern auftritt, wird heute in groben Zügen so erklärt: Die Anionen eines solchen Gitters (z. B. Sauerstoff-Ionen) geben ein Elektron an ein benachbartes Metall-Kation ab und treten mit dem so entstehenden Spinmoment in direkte Austauschkopplung mit einem zweiten in der entgegengesetzten Richtung benachbarten Kation. Auf diese Weise „vermittelt" das Anion die Spinkopplung zwischen zwei entfernten Kationen. Durch

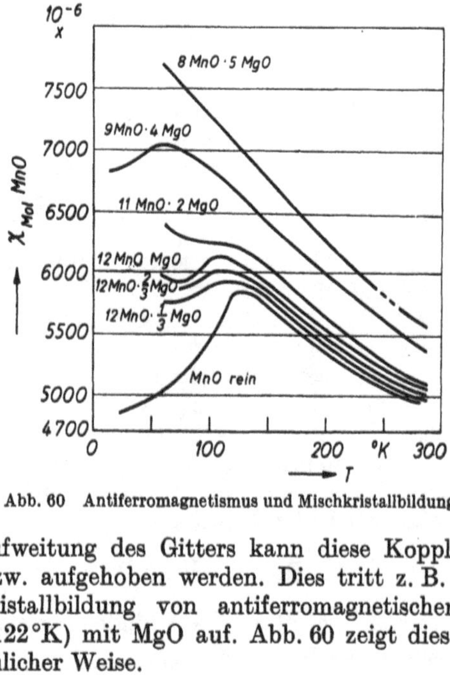

Abb. 60 Antiferromagnetismus und Mischkristallbildung

eine Aufweitung des Gitters kann diese Kopplung gestört bzw. aufgehoben werden. Dies tritt z. B. bei der Mischkristallbildung von antiferromagnetischem MnO ($T_N = 122\,°K$) mit MgO auf. Abb. 60 zeigt dies in sehr anschaulicher Weise.

8.2.2. *Ferro- und Ferrimagnetismus*

Mit dem Phänomen des Ferromagnetismus haben wir uns schon auf S. 22 beschäftigt. Die zahlreichen physikalischen Aspekte dieser technisch so bedeutsamen Erscheinung können nicht Gegenstand dieser Darstellung sein. Lediglich einige strukturchemische Fragen können hier erörtert werden. Die eigentliche Ursache des sogenannten Weissschen inneren Feldes ist nämlich durchaus strukturchemischer Art. Die Spinorientierung über ganze Bereiche hinweg wird gerade durch das bindungschemische Phänomen der Austauschwechselwirkung bewirkt. Es handelt sich letzten Endes um die gleiche Erscheinung die am Zustandekommen der Hundschen Regel des Atomaufbaues mitwirkt. Zum Beispiel bewirkt die Austausch-Kopplung die Parallelstellung der Spinmomente in den ersten fünf d-Zuständen der Übergangsmetalle. Das bereits oben erwähnte Austauschintegral, dessen Vorzeichen für die Spinorientierung maßgebend ist, hat folgende Gestalt:

$$A = \int \Psi_a(1)\, \Psi_b(2)\, \Psi_a(2)\, \Psi_b(1) \times \left[\frac{1}{r_{ab}} - \frac{1}{r_{a2}} - \frac{1}{r_{b1}} + \frac{1}{r_{12}}\right] d\tau$$

a und b bezeichnen die beiden Kerne, 1 und 2 die beiden Elektronen zweier benachbarter Gitterbausteine. Man erkennt nun folgendes: A wird positiv, wenn der Abstand zwischen den beiden Elektronen r_{12} klein, die Abstände Kern-Elektron r_{a2} und r_{b1} dagegen groß sind. Der Ferromagnetismus sollte also an folgende Voraussetzung gebunden sein: Der Radius der betreffenden d- bzw. f-Elektronenschale muß klein sein gegenüber dem Gitterabstand. Denn dann können die Voraussetzungen für positives A erfüllt werden. Man findet nun Ferromagnetismus in der Tat im periodischen System gerade dann, wenn bei entsprechenden Verbindungen der Abstand benachbarter Gitteratome mindestens dreimal so groß ist, wie der Radius der betreffenden Elektronenschale. Unsere Bedingung ist erfüllt bei den seltenen Erden sowie bei Fe, Co und Ni. Allerdings ist bei den seltenen Erdmetallen A zwar positiv, aber sehr klein. Die spontane Ausrichtung im Kristall wird bereits bei niedrigen Temperaturen durch die Wärmebewegung aufgehoben. Deshalb sind die Elemente der seltenen Erden nur in der Nähe des absoluten Nullpunktes ferromagnetisch. Dagegen ist bei Fe, Co und Ni A so groß, daß diese Metalle bis zu sehr hohen Temperaturen ferromagnetisch sind. Die CURIE-Punkte liegen für diese Metalle zwischen

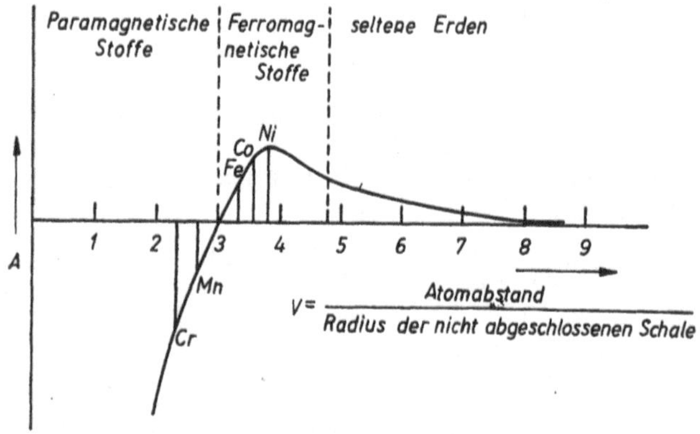

Abb. 61 Zur Theorie des Ferromagnetismus

360 und 1000 °C. Abb. 61 veranschaulicht diese Verhältnisse. Auch hier finden wir wieder die Erscheinung, daß durch Gitteränderungen, z. B. durch Legierungsbildung Kristalle ferromagnetisch gemacht werden können, bzw. auch ihren Ferromagnetismus verlieren. Einen Übergang zwischen ferro- und antiferromagnetischen Stoffen stellen die sogenannten Ferrite dar, also z. B. Oxide des Eisens und der Eisenmetalle mit Spinellstruktur. Bei diesen Strukturen kann der Kristall aus Untergittern aufgebaut werden, wobei man sich vorstellen kann, daß nur eines dieser Untergitter eine ferromagnetische Kopplung aufweist. Auf die sehr reizvollen aber auch sehr komplizierten Probleme solcher spezieller magnetischer Strukturen kann hier nur hingewiesen

werden. Sie stellen einen Brennpunkt moderner Festkörperforschung dar und erfordern den Einsatz vielfältigster physikalischer Methoden (Neutronenbeugung, FARADAY-Effekt, ferromagnetische Resonanz usw.).

8.3. Kurze Übersicht über das magnetische Verhalten der Elemente

An Hand von Tab. 24 soll abschließend noch einmal das Zusammenspiel aller magnetischen Festkörper-Erscheinungen veranschaulicht werden. Von den chemisch interessanten Besonderheiten des Festkörper-Magnetismus der Nichtmetalle sei zuvor eine erwähnt, nämlich der anomale Diamagnetismus des Graphits, dessen diamagnetische Anisotropie schon lange bekannt ist. Sie ergibt sich aus der Delokalisierung der π-Elektronen innerhalb der durch Netze von Kohlenstoff-Sechsringen gebildeten Ebenen. Infolge dieser Delokalisierung wird in dieser Ebene ein relativ großer Diamagnetismus angetroffen. Es liegen dann ähnliche Verhältnisse vor wie bei den Leitfähigkeitselektronen der Metalle, nur haben wir hier die Besonderheit eines „zweidimensionalen" Elektronengases.

Betrachten wir nun den Magnetismus der Metalle. Die ersten umfangreichen Messungen verdanken wir hier dem Japaner HONDA. Wir sehen, daß eine sehr scharfe Grenze die einwertigen Edelmetalle (und die ihnen folgenden B-Metalle) von den vorausgehenden Übergangselementen trennt. Links findet man Para- oder Ferromagnetismus, rechts ausschließlich Diamagnetismus. Daraus kann man schließen, daß Cu, Ag und Au auch im Metall abgeschlossene d-Schalen besitzen und ein Elektron pro Atom an das Elektronengas abgegeben haben. Die Übergangselemente heben sich von den vorausgehenden schwächer paramagnetischen Elementen nicht so deutlich ab. Die seltenen Erden sind stark paramagnetisch. In einigen Fällen findet man bei tiefer Temperatur

Tabelle 24
Magnetismus der Elemente

Li +26	Be −9	B −6,7													
Na +16	Mg +6 bis 20	Al +17													
K +19	Ca +44	Sc +320	Ti +150	V +250	Cr +165	Mn +530	Fe	Co	Ni	Cu −5,5	Zn −10	Ga −17	Ge −9	As −5,5	Se −26
							ferromagnetisch								
Rb +17	Sr +92	Y +190	Zr +120	Nb +210	Mo +90	Tc	Ru +44	Rh +100	Pd +560	Ag −20	Cd −20	In −13	Sn α: −30 β: +3,1	Sb −81	Te −41
Cs +27	Ba +20	La +110	Hf +75	Ta +150	W +55	Re +69	Os +10	Ir +25	Pt +190	Au −28	Hg −34,5	Tl −49	Pb −24	Bi −280	Po
			Th +130		U +410		Pu +610								

Ferromagnetismus. Die Alkalimetalle besitzen einen etwas stärkeren Paramagnetismus als die PAULIschen und LANDAUschen Berechnungen ergeben. Man findet innerhalb der Gruppen mit wachsendem Atomgewicht

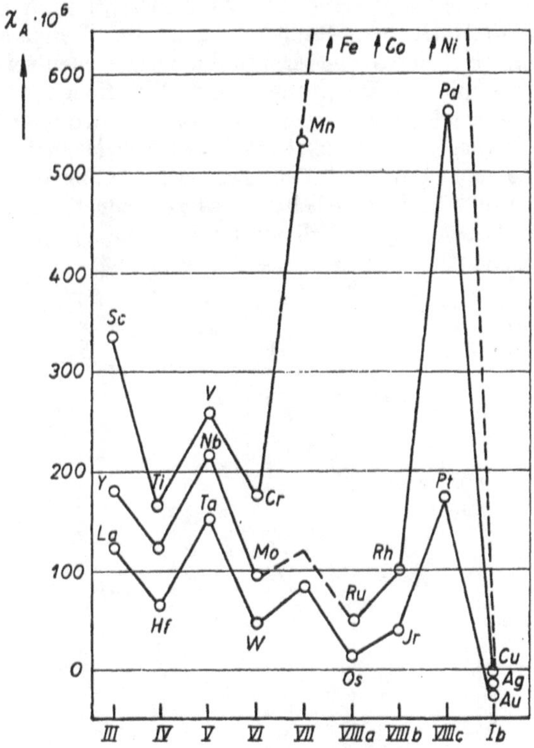

Abb. 62 Magnetismus der Übergangsmetalle

manchmal einen Anstieg des Diamagnetismus, der durch die Zunahme des Diamagnetismus der Atomrümpfe bedingt ist. Dies ist in den Gruppen Cu → Au, Zn → Hg, In → Tl und Ge → Sn deutlich zu erkennen. In den anderen Gruppen ist jedoch diese Regelmäßigkeit überdeckt durch die Unregelmäßigkeiten des Elektronengas-Magnetismus sowie durch Einflüsse der Gitterstruktur. Besonders kompliziert ist das Zusammenspiel dieser Erscheinungen bei den Übergangsmetallen. Abb. 62 zeigt einen Zick-zack-Verlauf der Atomsuszeptibilitäten in allen drei Übergangsreihen. Auch die Temperaturabhängigkeit der Atomsuszeptibilität zeigt einen solchen Wechsel mit der Gruppennummer. Wir finden sowohl positive als auch negative Temperaturgradienten. Hier treten zwei sehr komplizierte Festkörper-Magnetismus-Erscheinungen auf und überlagern sich: Antiferromagnetismus und Kollektiv-Elektronen-Paramagnetismus. Die theoretischen Aspekte dieser Überlagerung gehen weit über den Rahmen dieser Darstellung hinaus.

Der Verfasser

- **bringt einen Überblick über die neuere Entwicklung der theoretischen und praktischen Magnetochemie,**
- **führt in die moderne quantenmechanische Theorie des Dia- und Paramagnetismus ein,**
- **gibt eine Übersicht über die Anwendungsgebiete statischer Suszeptibilitätsmessungen in der anorganischen und organischen Chemie.**

WISSENSCHAFTLICHE TASCHENBÜCHER

www.ingramcontent.com/pod-product-compliance
Lightning Source LLC
LaVergne TN
LVHW092106300926
849161LV00002B/63